一字一心理

王可 ◎ 著

安徽师范大学出版社

·芜湖·

责任编辑：潘　安
装帧设计：张　玲

图书在版编目（CIP）数据

一字一心理/王可著.—芜湖：安徽师范大学出版社，2019.7
ISBN 978-7-5676-3780-1

Ⅰ.①一… Ⅱ.①王… Ⅲ.①心理学－通俗读物Ⅳ.①B84-49

中国版本图书馆 CIP 数据核字（2018）第 214807 号

YI ZI YI XINLI
一 字 一 心 理

王可 著

出版发行：安徽师范大学出版社
　　　　　芜湖市九华南路 189 号安徽师范大学花津校区　　邮政编码：241002
网　　　址：http://www.ahnupress.com/
发 行 部：0553-3883578 5910327 5910310（传真）　E-mail:asdcbsfxb@126.com
印　　刷：浙江新华数码印务有限公司
版　　次：2019 年 7 月第 1 版
印　　次：2019 年 7 月第 1 次印刷
规　　格：700 mm×1000 mm　1/16
印　　张：9.25
字　　数：160 千字
书　　号：ISBN 978-7-5676-3780-1
定　　价：46.00 元

凡安徽师范大学出版社版图书有缺漏页、残破等质量问题，本社负责调换。

开篇的话

很久之前，就想动笔写一些拆汉字、聊心理的文章，无奈一直琐事缠身，总给自己找到不动笔的理由，于是便"困"在了做与不做的空当。

契机源自 2015 年我带领的一个小组。在小组中，我们一起做了一个关于人生目标的练习。作为带领者，我为自己定了每天完成 3000 字的目标。当时只是想作为和学员一同成长共勉的方法，却有了这本书的雏形。

书中有些观点还不够完善，甚至略显稚嫩，或许有些内容读起来略显晦涩，不好理解。希望通过我的抛砖，能触发大家对于心灵成长、对于心理学的热忱。

这本书不是什么学术研究，它仅仅是我这一段成长历程的感悟集。如果您能喜欢这本书，并能仔细阅读，或许可以在文章中提炼出一些简单实用的心理学小技巧。

这本书把汉字和心理学知识做了个嫁接。书中拆字，有些根源于汉字最初的结构，有些则依赖于简化字结构，有些只与字形有所联系。需要说明的是，拆字的目标是指向心理学应用小技巧，并非指向文字学知识。本书的拆字，更多的是一种心理学上的游戏，而不是文字学上的研究。

书中的灵感多来自十几年来我外出授课的笔录，也受惠于众多的心理学前辈，和每一位学员朋友的互动交流也给了我很多乍现的灵光。所以在整个写作的过程中，我感觉自己更像是一个知识的管道，是一个记录者，把曾经的所学、所感、所悟用文字做了呈现。书中所有出现的案例均已征得来访者的同意，做了隐私处理。

另外，作为一名摄影爱好者，这本书我配上了一些在泉城济南拍摄的照片，其中一些是以泉城路老城区为中心展开拍摄的。因为这里是最具泉城特点的"家家泉水，户户垂柳"的所在。

在这里，王府池子、后宰门基督教堂、武状元的府第、燕喜堂的旧址、窄得仅容一人通过的翔凤巷，每一个地方都值得探访或回味。

即使是现在，您走在这个街区的街巷上，还能时不时听人说起"东更道，西更道，王府池子二郎庙"这句童谣。如有机缘，估计还能听地道的济南人跟您骄傲地侃上一番。

当然，如果您是一个喜好美食的人，这个街区也有个吃货必游的地方：芙蓉街。这里曾是老济南繁华之地，商贾聚居，单是在清光绪年间，就有启明理发店、同祥义鞋帽店、大成永鞋店、全济南最大的"文升祥"百货店等众多有名的店铺。

如今的芙蓉街一派繁华气象。您随着人流漫步其间，伴着繁华的泉城路，循着芙蓉泉的声名，品着各种小吃，绝对是人生惬意之事。

书中精心选择的图片里还有阳光，有花朵，有这座城市的一草一木，或许还有我们曾经一起沐浴过的时光……

对我来说，照片就像凝固的记忆，而文字是记忆的故事。虽然我们无法改变时间，但我们依然可以拥有时光。希望这些文字和图片能给您带去一点"心"的感受。

我是王可，在泉城这个美丽的城市书写并记录着生活的点点滴滴。

目　录

从"困"境谈开去

前几天外出讲课，和人谈起人生困局，我挥笔便在白板上写下一个大大的"困"字，没成想课下有人反馈说："王老师，你一讲课，我就睡着了，没影响老师您讲课的兴致吧？"

说实话，当时我在讲台上看到了这位的困样，内心虽有投白板擦的冲动，还好讲课数载，定力还是有些的，只当作给他现场催眠了。

现在回过头来看，在"困"的面前，我们每个人的应对方式多有不同。有的人积极应对，破"困"而出；而有的人难免选择逃避的方法，就像睡过去的人，视而不见，听而不闻，想来也是眼不见心不动的好方法。

话说"困"字，从其字面意思来讲，有两种解释：一是有困倦、困乏之意；

二是指陷在艰难痛苦或无法摆脱的环境中。另外，还有两点隐含之意：

（1）困住我们的是我们曾经的住所；

（2）这个住所现在已经不适合居住了。

记得曾经有来访者和我交流说："王老师，最近我碰到了困境，很痛苦。您能帮我处理一下吗？"

听到这儿，我便请来访者和我一起拆一下"困"这个字。

我：您说您碰到了困境，那我们就来看一下"困"这个字，请问这个字是由哪两部分组成的呢？

来访者：困？还不简单，一个"囗"加一个"木"。

我：嗯，那这个"囗"看起来像什么呢？

来访者：像围栏，更像是四面都是围墙、没有任何出口的房子。

我：那如果让您待在这个四面都是围墙、没有任何出口的房子里，会有什么感觉呢？

来访者：感觉很压抑，想逃又逃不出去。

我：那中间这个"木"呢？

来访者：木，就是树，看到这个字舒服了一点，感觉有那么点生命力了，不过又感觉这棵树好可怜，被困在了围墙里，逃不掉。

我：如果这棵树是很小的一棵树呢，或者说是新栽在这个房子里的小树苗？

来访者：那感觉挺舒服的，虽然出不去，但至少在房子里很安全，不怕外人砍伐，也避免了风吹雨淋。

我：那是不是可以这样理解，房子在某种意义上来讲对树木是个保护，至少阻挡了外人来随意砍伐，同时提供了成长的空间，是吗？

来访者：是的，这样看来，"木"在"囗"里也不全然是坏事，至少是种保护。

我：那您现在再来看您的困境呢？

来访者：感觉这个事也不是这么困扰了，至少可以接纳一些了，虽然事情没解决，但至少我看到了"困"的好处，好像保护了我免受更大的伤害。

我：的确如此，现在我们再来思考一下，如果这棵树长大了，以至于树枝树干都顶到了墙壁，又会发生些什么呢？

来访者：那树就不舒服了，或者会感觉到痛，被挤压的感觉。

我：还有呢？

来访者：嗯，还有一种想要破壁而出的感觉。

我：破壁而出是怎样一种感觉呢？

来访者：向上生长的感觉，哦，我明白了，成长的感觉。

我：是的，或许当我们感觉到痛的时候，正是成长的开始呢？

来访者：我明白一些了，您是说，我现在正在经历困境，感觉到了痛，恰恰也正是成长的开始。

我：是的，**就好像我们从一棵小树苗终于长大了，长到了现在的房子不再适合我们的成长了，就需要破壁而出，更换更大的空间了，而之前的房子难免被我们舍弃。虽然会有短暂地痛，而痛过之后，却是一片新的天地，直到我们再一次触摸到新天地的边界。**

来访者：对，周而复始，不断地经历破框的过程，原来人就是这样长大的。

谈到这儿，或许您对"困"有了一定的了解。其实人之所以有困境，皆源于我们在成长经历当中，通过自身的探索、观察，习得了一套固定的模式，就像我们的习惯、我们的参考框架等，它们会条件反射式地帮我们应对一些事务，让我们更加省时高效地去生活、去工作。

只是在某一个时刻，这些模式不再适应新的情况，这时人就会有受困的感觉，甚至有负面情绪和心理问题的出现。

同理，人生就是一个不断破困的过程。就像"人"＋"口"＝"囚"，人就像是那栋屋子里的小树苗，刚开始的时候，我们非常安全地待在妈妈的肚子里，充分享受着妈妈身体对我们的呵护还有营养，直到有一天我们长大了，长到妈妈的子宫再也无法满足我们生长的需要，于是我们便来到了更广阔的世界。或许这个过程是不舒服的，甚至是痛的，也因此我们才有了第一声的啼哭，可我们终于正式来到了人间。

随着年龄渐长，我们还要不断经历这个过程：从满月后第一次从家里来到外面的小院子，又第一次迈进幼儿园，迈进小学、中学、大学、社会，我们每一天都在不断地探索人生的边界，同时在触摸并且期望着有一天冲破这个边界。所以，您在经历痛，或者处在成长的边缘，您可以选择继续留在屋子里，至少这是保护，保护着您的安全；当然您也可以尝试着，顺着痛的方向，找到突破的可能。

让我们再来看"困"字，其外围的四个边框就像围栏一样，而这四个围栏大致代表了人生常见的四种困境。

第一种人生困境：缺少希望。

希望，是人行为的驱动力，是人前行的原动力。假如一个人失去了希望，也就失去了人生的方向，没有希望，人生便失去了意义。可总有人对生命不抱任何希望，哪怕只要稍微努力，便可达成目标，可他们无法相信自己，"哀莫大于心死"，没有了希望便会深陷困境的泥沼。

第二种人生困境：认为自己没资格。

很多人去买衣服，左看右看很喜欢，可一看价格放弃了："我没有资格穿价格贵的衣服。"有人回请吃饭，总是抢着买单："我没有资格享受别人的好意。"每天繁忙地工作，身心俱疲，却不敢有丝毫停歇："我没有资格让自己放松。"偶尔拒绝了别人的请求，内心感到内疚，总想找机会挽回："我没有资格拒绝别人。"有了难处，却难以张口，宁可自己硬撑："我没有资格接受别人的帮助。"不允许自己失败，哪怕是一件小事也要争为人先，稍有挫折便觉得天都塌了："我没有资格失败。"心中渴望爱，却无法张口表达："我没有资格表达爱。"凡此种种，都是认为自己没有资格的表现，"没有资格"不是自己不够好，而是自认为不够好。所以缺乏资格感的人首要的是接受自己真实的样子。

第三种人生困境：源自能力的缺失。

能力是通过积累获得的。随着经验的积累，人就会多出很多人生的选择，而在整体平衡的前提下，选择越多就意味着能力越大。

有人说，他相信可以改变，他也觉得我有资格去获得好的人生，可他根本不具备成功的能力。他该如何去做呢？

提出这个问题的人是相信希望的，也不缺乏资格感，他最大的困扰是暂时不具备做成某事的能力，同时不知如何培养这种能力。

首先，需要具有跃跃欲试的冲动，想要去做一些新的改变、一些新的行为，这是一切行动的源泉。

我们具备了这种跃跃欲试的冲动，接下来就要行动了。行动中会有各种经验的累积，包括成功的经验、失败的经验，经验越多就越能总结一套属于自己的方式方法，于是我们便具备了成功的能力。

由此可见，能力的培养，首先要有想去改变、想去尝试的打算，接下来就是不断地尝试，及时地总结经验。

能力的形成，一般要经历四个阶段：

第一阶段：无意识、无能力阶段。这个阶段，人没有意识到自己缺乏这种能力的事实，也不具备这种能力。

第二阶段：有意识、无能力阶段。这个阶段，人开始有意识地去培养某种能力了，但还没有这种能力。

第三阶段：有意识、有能力阶段。这个阶段，人在有意识地学习，同时能力开始逐步培养起来了。

第四阶段：无意识、有能力的阶段。这里的无意识指的是不用有意识地去做某些事，而潜意识已经可以自动运用这种能力了。

想想自己从初学开车到熟练驾驶，是不是也经历过这样四个阶段？

第四种人生困境：源自潜意识当中的不允许。

不允许，不是做不到，而是认为做到了就会失去一些更重要的东西，比如来自父母的呵护。就像是有的人父母婚姻经营得很失败，以至于到了离婚的境地，这个人长大之后，自己的婚姻也往往处在失败的边缘，即使他内心非常渴望一个美满的家庭，可总是难以做到改变。或许就是在他的潜意识里不允许自己获得幸福，因为爸爸妈妈都不幸福，怎么能允许自己幸福呢？

所以，上面的四种困境直接阻碍了生命的活力，要想破"困"而出，就要通过不断地学习和成长去化解这四种阻碍。

"活"出自己

办公室的门一关闭，小李就止不住哭出声来："老师，请您帮帮我，我实在没有活下去的勇气了。"

这是我第一次见一个小伙子哭得这么伤心。

原来小李和谈了半年的女朋友刚分手，在这段感情中，他付出了很多：女友嫌他嘴笨不会说话，他就去专门报了口才班；女友嫌他工作没前途，他就立马辞职换了新工作；女友不喜欢他的家人，他就半年不回家。可最后，终究因为各种原因，没能挽回女友的心。

"我不想活了，没有了她，我真不知道活下去的意义是什么。"

咱们姑且不提小伙子在这段恋情中是否迷失了自我，单是"活下去"这三个字，在此刻看来竟是如此沉重！

"活"，就是生存，有生命的，能生长，与"死"相对。

人生下来，就注定要经历活下去的过程。可活着的过程不容易，很辛苦，有痛苦。

在妈妈肚子里，我们就活得小心翼翼，稍有闪失，就有流产的可能。出生之后，我们活得更不踏实，一方面担心安全，防范风险，另一方面要抵御各种疾病的侵扰。

年龄渐长，更要经历众多的波折坎坷，失学、失恋、失业、失了身份、失了面子，哪个都令人活得够呛，当然还要忍受委屈与失望。

活着当然也很累，有些事你根本不想做，可你还得硬着头皮做；活着也很烦，明明知道费力不讨好，还要受着委屈往上冲；活着很无奈，明明有些事情看不惯，还要打碎牙往肚里咽。

可偏偏每个人都在努力地活，就好像从来也不怕累、不怕烦。

这到底是为什么？难不成只是因为这只有一世的生命，还是人就是为了活着本身而活？

村上春树说："我们活着，只需考虑怎样活下去就够了。"是啊，活下去其实才是我们真正应该深切思考的命题，而非遇事像个鸵鸟一样，只懂把头深埋地下。

活着，是用生命来书写自己的故事，这个故事可长可短，难不成我们生下来只是为了写一篇微型小说？比如："此人已死，有事烧香"，"他来过，又走了"，或者再短点："生，死"。

想来活着还有众多的好处，还有些意义期待我们发掘，生和死之间还有许多故事等我们去填写。

我想就算是上面这位小伙子，虽然嘴上说不想活，但也绝非他的心声。至少他的女友归来，他肯定还是想好好活的。就像《活着》这本书里写的："你千万别糊涂，死人都还想活过来，你一个大活人可不能去死。"

所以活得很累，却没有比根本不懂得生命的意义让人更累的；活得很烦，也没有比死了活不过来更烦的；活得很无奈，却没有比还没活明白就离开让人无奈的。

那人该咋个活？在这个"活"的过程当中，到底活个啥？

大家来看"活"这个字，左边是"三点水"，这说明了什么？说明"活着"至少也得像咱们泉城济南的趵突泉一样，有三股水。如果说每一股水都代表了一种解决人生困境的方法，那活的过程中，遇到人生困境的时候，至少也得有三种以上的方法才叫真的"活"。

所谓"为有源头活水来"，水只有是流动的、灵活的才能保持思路明畅、精神清新。而上面的小伙子显然只有一条路可选，专注力完全限制在没办法中，当然会走投无路。

我们常说，当人遇到难题而没有方法的时候，叫坐困愁城；当只有一种方法的时候，叫孤注一掷；当有两个方法的时候，叫左右为难，选这个还是选那个，陷入无尽的纠结之中；而当我们有三个方法的时候，叫得心应手，刚刚是选择的开始。因为具有了三个方法的人，通常还能找到第四、第五，甚至更多的方法。如老子所言："一生二，二生三，三生万物。"方法越多，选择的余地越大，代表着一个人处理这类问题的能力就越强，他在对人对事上也会愈加的灵活。同时灵活不是摇摆不定，而是对达成目标的一份更坚定地坚持。

所以活下去不容易，您得不断地思考，并探索人生新的可能。而反过头来想一想，如果人生太容易，或许还少了些趣味！就像小时候玩过电脑游戏的都知道，如果关卡太简单，那这个游戏就会索然无味，而有难度的关卡却往往让我们乐此不疲。

因此到今天问题还没解决，只能说明到今天尝试过的方法不适合，同时还有很多我们过去没有想到过的、未知的方法等我们去发现，遇事遇人您得多思考几种解决问题的方法，千万不要被仅有的方法所困，在符合整体平衡的（我好、你好、世界好三赢）框架里，您尽可以多一些思考。

另外活还需要具备这三点前提：

第一点，要活出自己。

活出自己不容易，同时活出自己是人这一生的功课。有的人可能会说，我这一辈子都在为别人而活，那"活"就少了根基、没了根源，就像无根之木，稍有风雨难免倾倒。所以在您为别人活之前，至少先为自己活。

第二点，要经历一些苦痛。

成长是痛的，从妈妈肚子里出来，第一声是啼哭。那绝非喜极而泣，而是不舒服、是痛带给我们的第一反应。

所以在某种意义上来讲，活着是为了体验一些痛苦，因为每一次痛的体验，都是成长的开始，因为每一次的痛都可以让我们从舒服的模式中、从舒服区中跳脱出来。而随着年龄的增长，我们经历了更多，成长也在经历了众多的生死离别大事件之后慢慢开始。因为真的痛过了，人才活得更坚定、更坚强。

第三点，要活出精彩。

所谓精彩，并非一定要人前显贵，但至少要问心无愧。无愧于自己曾经活过的这一世生命，无愧于从未虚度的光阴。

有人或许会问：人生的意义到底是什么？答案很简单，其实就是活着。因为活着，我们才可以安然当下，体验分秒的幸福；因为活着，我们才有机会品尝世间的酸甜苦辣。

活，就活下去，活出自己。

开启"潜"意识宝库

您有没有过这样的经历：当您在和别人交流时，有时会莫名其妙有情绪出来，虽然您很克制，可呼吸心跳无法掩藏。比如您和某人聊天，聊着聊着你的脚开始转向门口想要逃离，虽然您还在很有礼貌地同对方侃侃而谈。

又比如今天您不想工作，也知道无法请假，可就在出门的时候突然觉得头痛，心里闪过一个念头，身体不舒服，不能上班了，结果你就没去，而且理所当然。

再比如您见到苹果就觉得不舒服，而又不知道自己为什么这么讨厌吃苹果。还有像是回家，边开车边想事情，结果不知不觉，抬头一看已经到了自己所在的小区。最近工作压力大，您特别想找朋友喝一杯。当然还有很多莫名其妙的决定等。

这些好像都是冥冥之中，由我们内心发动的，却又不被我们的显意识认知到的，这其实就是您的潜意识在工作。

相信潜意识这个词，学心理学的都能跟您唠叨半天，因为它实在是很重要的解释现象的词汇。

"潜"，多用作"隐藏""潜入水中"等。潜意识，顾名思义，就是潜藏在水面之下，不为人认知的心理活动过程。

精神分析的鼻祖弗洛伊德老爷子曾经把人的心灵比喻成一座冰山，他认为浮出水面的是很少的一部分，代表人的显意识，而埋藏在水面之下的大部分，就是潜意识。

在他看来，人的言行举止、行为举动只有少部分是显意识在控制的，其他大部分都是由潜意识所主宰的，是主动地运作，人却没有觉察到。另外，在介于显意识和潜意识中间，还有个地带叫前意识。

我们来打个比方，好让大家能比较形象地了解这些概念。潜意识就像是电脑的硬盘，储存着人来到这个世界上的所有信息，包括很多原始的数据。它还是各种事件的仓库，你过去的经历和经验全都储存于此，就好像电脑组装之后，会安装很多的软件，包括电脑的每一步运作，都会留下印记。

而显意识就像是内存，内存也被称为内存储器，其作用是用于暂时存放CPU中的运算数据，以及与硬盘等外部存储器交换的数据，就好比我们运行一个word软件，我们能看到打字的过程，而我们没法看到word软件后台的程序是如何运作的。

前意识就像是防火墙，也称防护墙，它依照特定的规则，允许或是限制传输的数据通过。就好像我们的硬盘上有各种心理资源必须通过防火墙进行检查，对于允许通过的，就会引起意识的注意，对于那些不赞同的、不被允许的，它就被压抑。

由此可以看出，潜意识里面储存了太多的信息，如果能被我们所认知、所意识到，那将是一笔巨大的财富，可事实是我们所知未有一二。

那有没有一些方法，能让我们和潜意识沟通，去发掘这巨大的宝藏呢？

当然有，而且从古至今，从未停歇。

释梦、心灵对话，甚至绘画、音乐、舞蹈等艺术形式都是在尝试着和潜意识进行沟通。

沟通的目的至少有以下几种：

一是向潜意识提问，寻求心灵的答案；

二是告知潜意识，使它能明白您的心意；

三是调动潜意识的积极性，发挥它潜在的智慧和能量；

四是尝试解读潜意识的信息及其透过身体给我们的信号，让我们能活得更智慧、更明白。

当有一天您能成为一位高明的潜意识翻译，能"听"得懂、"译"得出潜意识的语言，并且您又学会并掌握了同潜意识沟通的方法，那您必定能调动并激发出自己内心的巨大潜能。

接下来就让我为您介绍几个潜意识接收信息的特性，以便您能更好地和它进行沟通。

特性一：潜意识是个爽快的直性子，喜欢直来直往。

它对核心词汇非常敏感。举个简单的例子，我如果对您说，现在千万不要去想蓝色的月亮，一定不要去想蓝色的月亮，不知您的脑海里浮现出来的是什么？

特性二：潜意识是侦查员，它透过身体给我们信号。

我们常见的疾病很多都是您内心信念和思想的反映，也是我们的潜意识给我们的信息，它就像是侦察员一样在保护着我们的基本生存，一旦发现风吹草动就会透过身体给我们信号。这个信息期待您的倾听解读，如果能被意识到了，或许疾病就会消失，因为信号的作用已经完成。打个比方，是不是有的孩子一到校门口就头疼，而一回家就好了？是不是有的人总是心里堵得慌，可当有些话说出来就顺畅了？

特性三：潜意识是自言自语的智者。

不管是谁，所有说的话都是先对自己的。请您思考一个问题：谁的耳朵离自己的嘴巴最近？是不是自己的耳朵？除非你习惯对着别人的耳朵窃窃私语。

所以我们对外所说的话语一般情况下都先进了自己的耳朵，或尖酸、或刻薄，可总是伤人而且伤己。

而当您发自真心用爱发声的时候，所有的语言成为滋养自我心田的雨露。

特性四：潜意识是实干家。

对于潜意识来说，千万别光提希望，它喜欢变现。比如当我们说，我想成为一个快乐的人时，首先我们的潜意识收到的信息是：我现在还不够快乐，而快乐的我在前方。所以潜意识就会让你以不够快乐的状态去追寻快乐。所以如果您想要什么，就先成为什么吧。

特性五：潜意识是激情的演说家。

它喜欢强烈重复的刺激。就像有些广告："×××，羊羊羊"，"今年过节不收礼，收礼只收××××"，一连播个好几遍，很多人都觉得这广告没内涵，可结果是很多人都记忆深刻。

这里需要提醒的是，在进行重复刺激的时候，最好和正向的积极的情绪链接，要不然就变成唠叨了。

上面那个"羊羊羊"的广告，大家还记得是在什么时间段播放的吗？那时大家的情绪状态如何呢？是不是一般都在一家人欢聚一堂享受愉悦的晚餐的时候播放的呢？

特性六：潜意识是我们忠实的守护者。

不管何时何地，我们的潜意识所做的决定都首先是为了保证我们的生存和安全。曾有人说，他在做某事之前常常临时选择放弃，为此苦恼不已。其实有这样一种可能，就是他的潜意识在那一瞬间预知到了某种不安全的因素，或者在那一刻对他来说保证安全和基本的生存是首要考虑的，所以才会让他临时变卦。也好比有的学生一学习就头疼，或许他的潜意识认为，那一刻睡觉休息更重要，因为身体健康、有益生存是第一位的。

特性七：潜意识像个念旧的老人。

对潜意识来说，已知是快乐的，而未知是令人担心和痛苦的。这就是为什么我们很难改变的原因，是因为已知的模式对我们来说是最省时省力的方法，潜意识会想方设法维持现状。同时人又都有意识地去追求自己的未来，追求对未知的探索，所以在这个过程当中，就有了冲突，产生了心理困扰。拖延症就是很好的例子。

可也正是在这个过程当中，人们不断地通过自我的显意识和潜意识沟通，和谐自我，一方面活在并活出当下，另一方面勇敢地去探索未知的领域。广告也是利用了这个特性，通过逐渐地、重复地刺激让人逐渐把未知的变成了已知的，把对广告产品由最初的陌生、担心变成了熟悉、可信。

同时，我们人也在不断地重复尝试的过程中，积累经验，培养能力，不断坚持，把机械的、笨拙的变成自动化的、习惯的。

这里有个小插曲。曾经有个学员对我说，她不敢想好事，一想好事就会来坏事。我对她说，或许只要她坚持一段时间，这种局面就会扭转，就像是我们说，一个习惯的养成至少需要 21 天的时间，而形成一个稳定的习惯起码得 90 天时间，或许我们离成功只有一步之遥，可千万别在半路上放弃。

"减"出你人生

每个人在这个世界上的追求迥然有异，有的人把分秒留给了工作，以换取今后的幸福；有的人把分秒留给了当下的感受，以体味分秒的幸福。究竟哪个更好？

摄影是体验分秒幸福的一种法门，而取景框恰似禅定的修行。

不论是飘雪的冬季，还是炙热阳光的夏季，摄影者都如老僧入定，气定神闲地端着相机等待美好入框而来。他们无视路人好奇的目光，忽略等待时身体的酸楚，只是让心沉静生慧。

这样的人生很美好，也很简单，因为取景框有限的视野让人更加专注美好。

就像有句话说的："最伟大的真理最简单；同样，最简单的人也最伟大。"

摄影能让人变得简单。

初涉摄影的人很多有这样的经历，就是在画面中恨不能放下所有的景象，唯恐漏掉任何一个美好的元素。可是学过摄影构图的人都知道，摄影除了个别需要"加"之外，非常重要的是"减"。

所以对于习惯了不断添加元素的摄影人来说，要拍出好照片就要学会删繁就简，在纷繁复杂的世界中，寻找最动人的瞬间，并把最精华的部分定格在画面上。因为简洁明了的画面主题鲜明，干净利落，可以瞬间打动人的内心。

人生亦是如此，从我们出生的那刻起，纷繁芜杂的世界就给了我们太多可以关注的美好，也让我们眼花缭乱，无法专注地去欣赏其中之一。

曾经拍过一张照片：从左向右四个孩子按照年龄依次排开，而脸上的笑容和年龄成了反比，年龄越大笑得越拘谨。每当看着这张照片，心中便升腾起这样的奢望：成年的我们都能摒弃负担，笑得一如从前！

所以，何不"减"出你的人生？

减，是减缓。

有的时候人生前行的脚步太过匆忙，熙熙攘攘皆为利往。人像上足了发条的时钟一样，拼命地向前赶，可频率太高、走得太快难免腿脚疲乏，很容易乱了章法，自己绊倒自己。所以有的时候需要让自己调整下节奏，得空闲时约三两好友，放下俗务，品茗谈心，心身轻松地生活。所以减缓，是按照自己的能力缓步而行。而缓行不是让我们停滞不前，是让我们迈出的每一步都坚定踏实。

减，是减重。

一个背着硕大包裹的旅行者步履蹒跚地向前行进，在一个村落他遇到一位老人。

老人问道："年轻人你要去哪里啊？"

旅行者道："我要去世界旅行。"

老人道："看你背着这么重的背包，都是些什么好东西啊？"

旅行者打开背包，得意地说道："这里面的东西都是我沿途收获的纪念品。您看这是一块山上的石头，是一个牧羊人送给我的，多么漂亮；您看这块木头，是森林的伐木工送给我的，这是世界上最珍稀的木材；您再看这件铜器，是我见过的最好的工匠打造的……"

老人道："这些东西的确非常精美，可为什么你没想过暂时把它们寄存在一个地方呢？毕竟你接下来要走的路还很长，或者还会有更多新的收获，你该不会都带在身边吧？"

人生的旅程是否如这个故事呢？

当我们还小的时候，双肩没有任何的负担，我们非常轻松地生活。可是随着年龄渐长，在人生的旅途中我们遇到了各色各样的人，有时候他们把自己认为重要的物品给了我们，或是期望，或是希望；而有的时候他们也会把不想要的东西给我们，各种情绪包袱或者压力。就这样我们越往前走，遇到的人越多，交给我们的东西也越多，我们的背包塞满了各种各样或属于我们或不属于我们的物品，终于有一天我们被沉重的包袱压得无法迈步。所以减重，是让我们有机会找一个地方，把背包打开，并且做个决定，是否可以暂时地把它们寄存在一个地方，同时我们可以再次轻松上路。

减，是删繁从简。

人自出生一直在做着加法，我们不断地学习成长，各种知识信息不断在我们头脑里增加，我们总想放更多东西进来以丰富我们的人生，这个过程固然让我们变得越来越强大，只是我们需要更加专注、专心。有句话说得好，因为专心所以专注，因为专注所以专业，因为专业所以成专家，而专家最终才是人生的赢家。所以不管面对多么繁杂的人生事务，只要专注地投入，删繁从简就是成功的基础。

减出人生，并非不再接收新鲜的知识，而是让我们学会简单地生活；减出人生，需要懂得取舍，当我们紧紧抓取不肯放下时，就会失去再次拿起的可能；减出人生，让我们的生命之光从散射的光源变成集束光；减出人生，就像摄影一样。

情绪管理有"道"可循

七情六欲，人之常情，这或许是人和人工智能最大的区别了。前段时间看新闻，说谷歌造了款围棋软件，叫作"阿尔法狗"，一时之间，因其超强的运算、极少的差错，再加上自我学习和进化能力，将人类围棋高手中国的柯洁、韩国的李世石杀得无还手之力。

有位国手坦言：人和机器还是有很大差别的。人有情绪，容易受外界影响，稍有波动，难免心神大乱，影响发挥。

情绪着实重要，可什么是情绪？情绪到底由何而来？去向何方？

为此，心理学家还有哲学家已经辩论了好几百年，想来咱们普通人一时半会儿，更没有人能说得清楚。

这里借用一个定义给大家权作普及：情绪是指伴随着认知和意识过程产生的对外界事物态度的体验，是人脑对客观外界事物与主体需求之间关系的反应，是以个体需要为中介的一种心理活动。

看到这儿，是不是有点崩溃？请您原谅，定义就是这样的，虽然严谨，但比较晦涩，不过还好咱们不用背诵，更不用默写。所以有一个简短的解读以概之：情绪其实就是内心的感受经由身体表现出来的状态。

看完了定义，下面咱们来捋一捋情绪的分类。

古人曾把情绪分作喜、怒、忧、思、悲、恐、惊，而现代人更是做了细致地划分，有的从根由上分为基本情绪、复杂情绪，有的从对人的影响上分为积极情绪、负面情绪；当然还有的细分为愤怒、失望、伤心、委屈、焦虑、痛苦等。

接下来，请您思考：情绪到底有无好坏之分呢？相信有的人会毫不犹豫地回答：有！如果我问为什么，可能您会回答：愤怒就是个坏情绪啊，你看我在"堵城"开车，好不容易排好队，就有人加塞，我的火一下就冒出来了，控制不住我就要驾车撞击。且不说气大伤身，单是危险驾驶就影响安全啊，更何况事后回想，我这么高素质的人，怎么能有那种表现呢？想想都对自己失望！

这么一说，可能大多数人都会赞同情绪有好坏了。难怪古人说："一人向隅，九座不乐。"看来有的情绪真是对人影响至深，不光影响自己，还影响别人；不只影响行为，还影响健康。

可您跟我一块想一想，所有的时候，情绪都是不好的吗？比如愤怒，是不是有的因为怒发冲冠成了民族英雄；比如恐惧，是不是有的因为惧怕而减少了伤害？

当然这些都是个例，那是不是我们可以这样理解：**情绪本身没有好坏之分，它们只是我们的内心（潜意识）给我们的信号，提醒我们有些事情是需要注意的，而决定它们是否有用，是好是坏，是我们自己，所以情绪无好坏，关键是你怎么看！**

这个划分有个好处，就是把情绪和好坏剥离开，并且让我们自己可以做回情绪的主人，让我们能充分地接纳自己。而且我们还能捋清楚情绪的来源——我们内心的信念系统。

说到这儿，您可能又要问了：什么是信念？

所谓信念就是您所相信的世界运作的法则，或者就像我们讲"困"这个字时说的框架，试想您看世界是这个框架，他看世界是那个框架，是不是如果两者不兼容就容易碰出火花，所以如果想减少情绪的困扰，就得想方设法多学习、多整合，以调整自己的人生框架。看看古今圣贤是不是框架更宽广呢？

唠叨了这么多，有人或许会说，情绪照你这么一解释，却也真是没好没坏，关键还是看我们自己这个主人的修为，同时我们知道了一种情绪管理的方法，就是改变自己的认知，改变自己对事件的看法，可是有的时候情绪来了，真的让人受不了，那又该如何智慧表达呢？

下面就来介绍一下**情绪的四种表达方式，它们依次是躯体化表达、行为表达、语言表达、象征表达。**

这四种大致能涵盖情绪表达的方式：

躯体化表达，这个好理解，来情绪了不言不语，自己压着忍着，可这情绪能量没得到释放，只好让身体承受，时间一久各种躯体化症状就出来了，什么胃痛了、头痛了、腹痛了等。

行为表达好一点，用行为宣泄，比如生气了摔个杯子，可也有弊端，就是容易冲动，你没看有的人一生气就上手，一上手就后悔嘛。当然有的宣泄室用的就是这种纾解情绪的方法，所以行为表达在合适的地方也不失为一种方法。

语言表达智慧些，把情绪以语言沟通的形式表达出来，就好像我们常对人说，遇事别憋着，说出来。这里有个好玩的新闻，说是有个神婆治病贼灵，一男士因为失恋整日闷闷不乐，忧郁成疾，前来求治。这神婆让他每日正午对东方大喊，七七四十九日疾病立除。当时看到这儿我差点笑喷出来，这神婆照猫画虎用的不就是咱心理学上的宣泄表达的技术嘛。

当然有的时候，情绪太强烈，语言难表达，这时就需要用到象征的、艺术的表达方式了，这包括一些非语言的表达方式，比如绘画、书法、舞蹈等等。同时我们看到有很多青春期的孩子喜欢记日记，这其实就是很好地利用象征艺术纾解情绪的方法。这就更不难理解，有的人来情绪了，就要去 K 歌一番、大吼一阵了。

看到这儿，我们已经为大家介绍了**两种情绪管理的方法：一种是改变认知，**

修通自己的信念；另一种就是选用合适的表达方式。

方法还有很多很多，限于篇幅，没法一一道来，这里着重再给您介绍我总结的情绪管理有"道"可循。用这一个"道"字您可以记住这个简便的情绪管理的基本技巧。这个技巧不用分析事件根由，只是需要改变一下看问题的视角，就可以快速调理情绪。

首先请您和我一起来做一个练习：

第一步，请您做两个深呼吸，然后想到一件让你感觉有点不愉快的事情。接下来，请您从这一个不愉快的回忆里慢慢"抽离"出来，所谓"抽离"就像是抽身而出，将自己与那个事件完全脱离到一段安全的距离外，从这个地方，您可以看见当时在情绪中的你自己，就像在电影或电视上看到自己一样。

再下一步，您就可以试试调整自己与画面中的自己之间的距离远近。保持为"抽离"的观察者，但又怀着兴趣与好奇。

不知道做完这一步，您从外面看着那时的自己时感觉如何呢？情绪是否开始减低了？

接下来，请您继续在脑海中观想，并请求你的内心（潜意识）。当你回想起任何不愉快的经验时，它都愿意自动地将自己与那些不愉快的经验"抽离"，并成为你的正向资源。

我们再接着做这样一个练习：请您"结合"一个愉快的回忆。给自己一点时间，以确保自己能完全地融进过去的这段经历当中，就像您再次经历当时那段快乐时光，用第一视角去看、去听、去感受那情境里所有的美好。

在结束之前，请您继续在脑海中观想，并请求你的内心（潜意识），无论任何时候你回想起那些愉快的回忆时，它都愿意自动"结合"那些愉快的回忆，以成为你的正向资源。

好了，做完这两个练习，您有何觉察呢？是不是在不愉快的时候"抽离"就能降低情绪感受；而在快乐的时候"结合"，就能充分地体验情绪感受，或者说加强了这种情绪感受呢？

说到这儿，相信您对这个情绪管理之"道"有了一定了解。

下面就让咱们来拆解一下这个"道"。

道字是由"辶"＋"首"组成。用个公式表示就是："道"＝"辶"＋"首"。

其中这个"首"就是"结合",让我们把整个头脑都投入其中,"辶"就是"抽离",寓意让我们可以"走开"两步再去看。

光看字的形状是不是很形象?

那为什么把这个和情绪管理扯到一块儿呢?假设我们说情绪有强弱之分,那抽离就是减弱情绪感受,结合就是加强情绪感受。同时,请您考虑什么时候情绪该加强,什么时候该减弱呢?

相信聪明的您一定有了答案:不愉快的时候学会抽离,快乐的时候要结合。

其实结合就是活在当下的过程,注意力完全集中在自己所看、所听、所感的人、事、物上。而抽离就是从第三方的角度看自己和当时的情境。

我们再用一个形象的比喻:**抽离就是看电影,结合就是演电影。**

当遇到不愉快经历的时候,学会自动地抽离,就像是看电影,保持一份觉察;而当经历快乐的时候呢,您可以自动地结合进去,就像是演电影,充分地去体验当时的愉悦感受。记住,可千万别用反了,这可不是玩笑话,生活中太多这样的例子了:每天一想起以前的痛苦经历,就结合进去了。而陪家人快乐生活的时候却往往抽离,满脑子想的都是明天又要开会了、工作了什么的,没有一刻是为现在而活。

所以情绪管理有"道"可循,不管是哪种情绪体验,其实都是我们人生宝贵的经历。

不悲过去,非贪未来;心系当下,由此安详。

喝"酒"谈心理

酒为何物，恐怕不用多讲，是个成年人都能跟您唠叨半天，讲出一堆他对于酒的看法。

爱酒者说："酒是好东西，心情不爽，扎啤来挡。'何以解忧，唯有杜康'啊。"更有人为了把酒言欢搞出一堆行酒令。什么"一两二两漱漱口，三两四两不算酒，五两六两扶墙走，七两八两还在吼""两腿一站，喝了不算"等等。

文人骚客也是对酒青睐有加：白居易"绿蚁新醅酒，红泥小火炉。晚来天欲雪，能饮一杯无"；李白"兰陵美酒郁金香，玉碗盛来琥珀光"；晏殊"一曲新词酒一杯，去年天气旧亭台，夕阳西下几时回"。

还有人赞美起酒来，华丽辞藻无所不用："美酒的美，是高山的美，河流的美；是极地的美，也是热海的美；是仁和之美，友善之美；是和谐的美，中庸的美！是包容的美！是大美不言的美！""酒，让我想起了你，而你却忘记了我……"

瞧瞧这一位位对酒的推崇，看来酒真是好物，既能消愁又能解忧。难怪汉代焦延寿在《易林·坎之兑》说："酒为欢伯，除忧来乐。"

可有时酒既能醉人又能害人。大侠古龙曾写道："这个世界上只有一种珍贵的液体，这种液体就是酒。只有酒才能使人忘记一些不该去想的事。而人最大的悲哀，就是要去想一些他们不该去想的事。除了死之外，只有酒才能让人忘记这些事。"而古龙正因酒而亡。

酒，就其字形是"氵"＋"酉"，"酉"的本意就是酒，那为什么还要加上"氵"？有解释说好酒要有好水才能酿成，我以为，其实这三点水中的每一点都恰恰代表了人在喝酒过程中所经历的三个阶段：

第一点代表喝酒的第一阶段，这阶段的人恰似雅士。

喝酒之人，围桌而坐，彬彬有礼，你来我往，半推半就。

这个道："咱们喝一杯。"那个说："我酒量有限，沾酒就倒。"说者正襟危坐，劝者也是分寸适度。大家一派祥和景象，个个端坐如君子淑女。

这个阶段算是小酌怡情的阶段，有研究称："少量饮酒能够打破社会交往中的僵局，让气氛更为活跃。不仅能提升情绪，还能让人与人之间的关系更为密切。"而文人雅士大多在此阶段借酒抒情，谈文论道，留下了很多艺术精品。

第二点代表喝酒的第二阶段，这阶段的人恰似猛士。

这个阶段的饮酒之人，早已酒过三巡、菜过五味。从最初的小口小酌，换成了大口灌酒。且看桌上众生，一个个杯到酒干，早没了初始的矜持。说起话来也是豪气干云："兄弟，只要干了这杯，以后咱俩就是弟兄们，有啥事你说话，当哥的一定帮你……"

此阶段的饮酒者绝对一个个敢比猛士，任他五六十度的白酒也是一仰脖就往肚里灌，管他是否当场醉死，也要今朝有酒今朝醉。一旦喝酒到了这个阶段，心里被压抑许久的各种情绪感受，就很容易被激发而出。李白诗云："五花马，千金裘，呼儿将出换美酒，与尔同销万古愁。"这时候什么名贵马匹、华丽衣裳全都不及一坛美酒来得实惠。也恰恰是这个阶段，很多怂人借着酒精的刺激变成了莽夫，甚至还会出现一批敢死猛士，例如喝了酒驾车狂飙等，绝对具有赴死的勇气。

第三点代表喝酒的第三阶段，这阶段的人恰似痴士。

能喝到这个阶段的基本都是酒场高人，因为经过前两阶段的淘汰，有些人早已滑落桌底，不省人事；有些人因为酒壮怂人胆，已去敢死。场上仅余少许几人，勾肩搭背，低头耳语。说出来的话早已大了舌头、没了逻辑，当然听者也变得痴痴呆呆，只懂一味傻笑应承。

此阶段的饮酒者全没了方才的生猛，变得腻腻歪歪，痴痴傻傻。失忆在这个阶段是常出现的情况，早上醒来，对方问及昨天之事，只要一拍脑袋来一句："我还说过这种话？"就可轻易圆场，毕竟当时的痴呆样子大家都有目共睹。

从上可见，酒的三阶段，恰好把人性展现得淋漓尽致。不知您曾经历哪个阶段？在那个阶段又有何表现呢？

总而言之，饮酒需适量，切不可为了一时贪杯，落得最后莽莽撞撞、痴痴傻傻的境地。所以现在看来，喝酒的三点水其实还隐藏着另外几点含义：

第一点是少来点。

每个人对酒精的耐受性不同，饮酒还需根据自身体质适量才好。要不然别人还在雅士阶段，您已成了猛士、痴士，难免成为别人眼中的笑柄。《说文》对饮酒的量做了这样的解说："醉，卒也。卒其度量不至于乱也。"就是说喝酒要有度，千万别酒后失态。且看那些喝多了酒狂打电话的主，恨不能把认识的人都联络一遍。还有些人喝多了酒口无遮拦，肆意乱语，第二天醒来又后悔不迭，难免落得个酒后抑郁的症状。

第二点是悠着点。

有的人饮酒，喜欢大口猛灌，恨不能三杯下肚直达后两个阶段。有这样一位领导，喝酒必喝白酒，而且二两半的酒杯必须连干三杯，还不准吃菜。对于这样的饮酒者咱们只能敬而远之，毕竟咱们犯不上用酒充傻装愣。

第三点是学一点。

酒能助兴，亦能缓释压力，其常为聚会的借口、成事的媒介。只是现代人喝酒少了些内涵，往往拿塑料袋拎两杯扎啤就开喝，逮着人就猛灌。岂不知在古代饮酒有着一套完整的礼仪，尊礼、遵时、适量，不随心所欲，而且特别看重饮酒不劝酒。

《酒社刍言》中对劝酒有这样的解说："饮酒之人，有三种，其善饮者不待劝，其绝饮者（酒量小，一喝就醉者）不能劝，唯有一种能饮而故不饮者宜用劝。然能饮而故不饮，彼先已自欺矣，吾亦何为劝之哉？故愚谓不问作主作客，唯当率真奉称量而饮，人我皆不须劝。"

所以适当地学一点饮酒的礼仪至少可以改变我们对于酒的认识，以免再次推杯换盏的时候，只知狂浪猛灌，却不懂得酒为何物。

正所谓：酒有三点，劝君少饮。

做自己人生的"导"演

如果把人生比作一场演出，那我们既是主演也是导演。

在这场不间断的演出中，我们体验着不同角色的变换，我们主演着自己的人生，同时因为自己的喜好，把它拍成喜剧片或悲情片。只是有的时候，我们太过投入，明明这一时期的演出已经结束了，可我们依然恋恋不舍，沉溺其中，以致无法投入接下来新的角色当中，这或许就是人生困境的开始。

反之，为了脱离困境、改写人生，我们也可以尝试着去重拍电影，尝试着去筹拍新的电影，也或者我们可以投入地去主演一场真正属于自己人生的巨制大片。

那如何做自己人生的导演呢？

古代"导"字的异体，上面是"首"，代表人的头脑；下面是"止"，表

示脚停下来；外面是"行"，表示路口。合在一起，"导"的意思就是：人走到路口停下来时，需要得到引导、引领。而当我们不知所措时，当我们在人生的旅途中停下来思考时，最好的引导者就是我们自己，所以您始终是自己人生的主导（主演和导演）。

首先我们用时间线把我们的人生经历分成三段：过去、现在、未来。其中过去的人生记忆我们可以比作已经拍摄的电影，未来在我们头脑中的景象就是将要筹拍的新电影，而现在正在经历的人生是正在自编自导的大片了。

接下来，我们用重拍电影举个例子。

小郝最近很苦恼，她总是很难全身心地投入一段友谊，即使头脑很想认真地和他人交往，可一旦深入交往，她就开始有意地疏远对方，为此非常苦恼。

在和小郝的交流中，她猛然回忆起小时候的一段经历：那时她有一个非常要好的青梅竹马的小伙伴，两人一起做作业、一起玩耍，关系非常好。可因为父母单位分了新宿舍要搬家不得不分开，当时爸爸妈妈没给她机会让她和那位小伙伴告别，她为此伤心难过了好长时间，以致当她想到这段经历的时候还暗自神伤、流泪不止。

由此可见，这段儿时经历已经影响到了她现在的人生，甚至在她没能觉察的情况下，影响着她和人的交往。所以这时我们就可以帮助小郝把这段记忆重新来导演一番、拍摄一番了。

我先请小郝坐下来，然后做几个缓慢而悠长地深呼吸，在她感觉彻底放松了，呼吸变得平稳的时候，我请她慢慢闭上眼睛，把这部有关儿时的电影重新调回脑海并开始放映。

我：现在能看到当时的那个景象吗？

小郝：看得很清晰。

我：请问你是在画面里面还是在外面像看电影一样看着那个画面呢？

小郝：在外面，正看着那时的自己。

在接下来的交流中，我就请小郝按照自己的要求把这段影片重新去打光、布景，甚至配上音乐，并在合适的时机请她想象自己经过一番装扮之后，又成为儿时的自己，回到了当时的小伙伴面前，尽情地去表达自己的心声，把当时没来得及说的话都说给对方听，同时尝试去听一下对方的反馈。

就在这样一个想象的过程中，我指导小郝按照她自己的意愿重新执导了一遍自己的这段人生影片，作为导演我请她根据自己的心意可以自由地把它导演成一部温情片、喜剧片。

直到整部电影播放完，当她感觉内心的情绪变得平和踏实了，再让她想象回到现在的人生，从一个人生总导演的角度去思考一下，这样一个过程会收获些怎样的人生启示，对现在的人生又会有怎样的意义和价值……

就在这样的过程中，小郝的心结逐渐被打开，事实也证明通过这样一系列的重拍体验有效改善了她与他人关系的建立。

其实，我们的内心有这样一个倾向，就是对未完成的事情总比已完成的记忆深刻，比如平常有没完成的工作，我们常常会吃饭不香、睡觉不沉，而如果这个工作完成了，心才放下。这种现象我们把它叫作蔡格尼克记忆效应（或称为"蔡戈尼效应"，是指人们对于尚未处理完的事情，比已处理完成的事情印象更加深刻），重拍电影时进行的心灵对话在某种意义上来说就是利用了这样一个原理。

所以，如果您能够根据我上面啰里啰嗦的表述学会重拍电影了，那说明您已经掌握了一些做自己人生导演的方法，**您可以开始尝试着把那些困扰您的记忆重新进行拍摄，就像一个导演一样，视觉画面、听觉声音、内心感受都可以随心所欲地去演绎，如果不过瘾，您甚至可以重新披挂上阵，去扮演一下当时的角色，把未表达的情绪表达表达，未说的话说上一说。**

同理，此法还可以用在构建自己的未来景象上，您尽可以发挥自己的想象去筹拍一部属于自己的未来大片，当然这部片子的类型由您来定，是恐怖惊悚片、失败警示片还是成功励志片，全凭您的心意。

假定您想要的是成功励志片，那么接下来就请您选择一下内容，您可以选择拍摄您未来最辉煌的时刻，也可以选择距离现在最近的一件您最想达成的事（如希望有一次成功的演讲、成功的竞赛等）。

选择完毕请您找一个安静的环境，以一个舒服的姿势坐下来，发挥您最大的想象力，想象您正坐在片场，筹拍一部有关您未来成功景象的电影（例如：如果您的目标是成为演讲者，就想象您筹拍的是您正站在舞台上演讲的影像）。

接下来，您可以以导演的身份，按照自己的想法从视觉效果、听觉效果、内心感觉去拍摄这部电影了。

您可以通过眼前的摄影机看到画面的效果、演员的表现，可以通过佩戴的耳机听到片场的音效，也可以通过这部片子带给您的感受去让演员演得再投入一些。您可以同时从视觉、听觉、感觉三个方面来提出拍摄意见。

比如视觉方面，您可以让灯光师把光打得亮一些，让摄影师把画面拉近一些，调整更清晰一些，色彩更亮丽一些等；听觉方面，您也可以让音效师选择合适的音效：立体声、音量、音调，并且在恰当的环节配上适当的音乐等；感觉方面，您可以让主演再有感情一些，再声情并茂一些等。

记住每一次调整之后，您都可以体验一下从屏幕上看到这个场景时的内心感受，那种成功的感觉是否得到了加强，如果没有，就再调整，直到您满意为止。

当三个方面的因素都令您满意了，就可以想象您走到主演的位置，接替主演并开始自己出演这个角色。您可以完全地投入，您可以充分地去体验它带给您的冲击，并且牢牢地记住这种感觉，甚至您可以在感受最强烈的时候，用一个特殊的手势去记住这种感觉。至此，当您回到生活中，您会发现一切都如您所预演的一样发生，就像有句话说的：所有的一切都会被吸引而来。如果您希望成功，就请为自己的人生筹划一部成功励志大片吧。

这种方法我们还可以用来处理一些恐怖的记忆，比如怕老鼠，这对很多人来说，看到老鼠就像看部恐怖片。当然这种本能的恐惧是对我们的一种保护。咱们这里假设的是您对老鼠的惧怕已经严重影响到正常状态了，您就可以用下面的方法把这段影片导演成其他题材，比如喜剧片。

现在请您想到那个让您感到恐惧的有老鼠的场景，并且想象可以看到那只老鼠。

为了减少对老鼠的厌恶，作为导演，您让工作人员给这只老鼠戴上了一顶高高的礼帽。当您看到这戴着高高的礼帽的小老鼠时，您的那种害怕的感受有没有发生变化呢？

接下来，您为了让这小老鼠不再尖嘴猴腮让人讨厌，您决定再给它戴上一个口罩，记住要卡通一点的口罩哦，比如口罩上印着猪鼻子的口罩。

看到这一幕，请您再感受一下那害怕，又有什么变化？

整个过程中您可以尽情发挥您的想象力，因为作为导演，您有无限的权力可以导演自己的电影。您可以给这只小老鼠穿上旗袍，可以再给它带上墨镜，可以戴上独眼龙的眼罩……相信经过您这么一番精心装扮、重新拍摄之后，当您再次想起那可恶的老鼠时，害怕或许已经减少了很多。

人生就是自编自导的一场演出，在不同的阶段我们都尽情挥洒着自己的才华，生命不息，演出不止，同时我们也是自己人生最忠实的观众，活给自己看，永远别怠工。

潜意识助您所"愿"

报纸上登过这样一篇新闻：济南一小伙为彰显个性把微信签名写成了"本人已死，有事烧纸"。而令人没想到的是，三个月之后，这位 19 岁的塔吊司机，同朋友酒后无证驾驶摩托车，高速状态下撞向一辆停在路边的渣土车，倒在血泊当场身亡。

事发之后，众人都觉得不可思议：难道此人早有轻生念头还是未卜先知？

这里，咱们没法去探究了，毕竟人已逝去。不过从潜意识的一项特性来讲，确实这两件事有些许关联。

这条特性就是："潜意识总是在实现我们内心所愿，也或者说潜意识只是在按照我们已设定好的人生轨迹替我们达成心愿而已。"

在国外某研究中心，研究人员找来20名业余投飞镖玩家并把他们分成两组。一组进行实际的飞镖投掷训练，另外一组则仅仅是手拿飞镖，在脑海中想象自己举起手、瞄准，然后投掷飞镖的场景。再经过同样时间的或实际或想象的训练之后，两组队员分别测试，他们的投镖成功率都有所提高，甚至相差无几。

还有一个例子：让一人站在1米宽、5米长的木板上，第一次将这个木板摆在离地只有1米的两条长凳上，然后让这人从这头走到另一头，他非常轻松地就做到了，甚至可以做出各种花样的动作。而第二次把同样的木板架在离地数十米高的天台上，再让他走一遍，他便说什么也不敢迈步了。问他原因，他答道："虽然我知道我能走过去，可脚一踩在木板上，心里头就会冒出要掉下去的想法，我压制这个念头，并告诉自己不会掉下去，可身体却不听使唤，忍不住地颤抖。"

还有很多的奥运冠军，他们通过多次重复的自我催眠，高度专注地去想象和体验到自己成功比赛的过程。大脑的神经系统也在不断地想象和演练后逐渐形成自动化的反应，整个身体的细胞便具有了成功的记忆，内在的自我形象随之建立起来了。

这两个例子是否在告诉我们：**潜意识可以帮我们达成所"愿"，这个"愿"其实就是我们的一个自我心像。这就像"愿"这个字，上"原"下"心"，连起来就是"我们的'心'帮我们还'原'梦想"**。这个梦想，是我们的自我心像，是我们内心的地图，是关于我们如何看待这个世界的，是我们内心最真实的想法。

俗话说："心有所想，事有所成。"人的成就首先建立在敢想上。当然这里的"想"，不仅仅是意识中认为的，还应该是自己的潜意识真正认同的，是自己发自内心的相信。

美国著名心理学家亚伯拉罕·马斯洛曾提出了高峰体验理论，他以心理健康的人作为研究对象，得出答案：高峰体验是人最满足、最幸福的瞬间，而在这个瞬间人真正认识了自己，在自己身上寻找到了自信。而在之后的研究中发现，一个人哪怕是心理健康程度不高的人，当能够对那种最幸福、最满足、最自信的感受能有所体验，或努力去体验，就能够达成所愿，实现自己的目标。

所以说，潜意识可以帮助我们实现梦想和心愿，它就像是人生列车的导航系统，只要内心设定好了目标，它就会自动导航帮我们接近并最终到达目的地。

在心理学上有个"吸引力法则"，说是当我们的思想集中在某一领域的时候，跟这个领域相关的人、事、物就会被吸引而来。有的人把这解释为当我们聚焦在某个人、某件事、某个物时，我们的心灵就会与之产生共振。根据吸引定律，同频共振同质相吸，于是我们与我们所聚焦的开始互相吸引，彼此往对方靠拢。其实我一直认为，**所谓吸引，只不过是我们内心早已有了这样一个愿望，而我们的身体在我们开始起心动念间，已经开始行动，并最终帮我们达成所愿。**

可是有的人会说，我也想了，为啥我没有达成愿望呢？

首先要检验一下，你的愿望是"想要的"还是"想要避免"的？

举个例子：一位朋友定了个目标，说是"从今以后，我再也不要痛苦地活着"。这样一来，潜意识收到的核心词汇就是"痛苦"，它当然会如你所愿地让这位朋友"痛苦"地活着了。

另外我们来看一个公式：**Be—Do—Have，这个公式的意思是"先是，行动，再成为"。就是说首先你得让潜意识先相信你就是这样的人，然后以"是这样的人"的状态开始行动，最后就会拥有并成为你所期望成为的样子了。**

举个例子：一个人说，我想成为成功人士。他首先在给潜意识信息的时候，要坚信自己就是成功人士。要不然我们的潜意识收到的信息就是："我想要成为成功人士"，那个想成为的人在未来，而我"现在还不是成功人士"。于是乎，它就会调动你身体的资源，让你以"还不是成功人士"的状态去行动，结果可想而知，即使最终成功了，想来也会费一番心力、费一番周折才最终达成目标。

所以一定要"先是"再"成为"。如果我们想要成为快乐的人，首先要对自己说"我就是快乐的"，然后以快乐的状态去生活。

或许有人说，我明明就不是快乐的，连我自己都不相信，我该怎么办才好呢？

这里我们可以用一种"假装法"，先以"假装是"的方式去生活（这里的装并非不切实际、虚假的欺骗，因为骗多代表了不劳而获，而这里的假装是一种提前体验的"是"的状态，同时配合不懈的努力），过一段时间就会发现，很多人"装着装着"就成真的了。我有时跟朋友开玩笑说，现在的培训师有些是"装"出来的，穿衣打扮、举手投足、说话谈吐，装着装着就真成培训师了（当然前提是他们得有真才实学或者用持续的学习和努力去不断填充，假如只是装样子，早晚会被人识破，就成了骗子了）。

这虽然是个玩笑话，不过现实中也不乏这样的实例。比如当下特别流行的到各大高校"游学"的活动，其实就是让初高中生提前体验大学生的各种感受：到大学的阶梯教室里坐一坐，体验一下；再到大学的食堂点几个菜，品尝一下；然后有条件的再去大学的各种社团去参观实践一番。如此一来，这些初高中生就会有了自己已经"是"大学生的感受，然后潜意识就会调动身体的资源帮助他们去达成所愿。

所以如果您的心愿没有达成，那就检视一下，这个愿望是否真是自己所要，内心是否动摇或怀疑，并且脑海当中是否已经具备了成功自我的心像。

就好像有一位身材肥胖的女士，当她认定了自己就是微胖界的一员时，虽然她可以在短期内减掉体重，可由于内心对于自己是微胖界人士的认定，已经形成了内心胖的心像，这就会引导着她再度恢复以前胖的体重。因为她所做的都是在描绘自我的心像而已。

这个心像绝对比光说我是什么什么样的人来得更直接。就像咱们前文中提到的例子：仅是通过想象自己一步步准确投掷飞镖就能提升自己的投掷能力，可这样做的前提是，脑海当中所想象的投掷步骤、投掷姿势是正确的。也就是说，如果我们相信自己是成功人士，不仅要经常给自己这样的暗示，还要在脑海当中树立起自我成功的形象，这个形象多可通过观察模仿获得，当然如果能得到专业人士的指导那就更是事半功倍了。

所以有事没事，就打开自己想象的电影院，在头脑当中放放"电影"。通过咱们前文《做自己人生的"导"演》中介绍的方法，先"看电影"再"演电影"，以此让潜意识知道我们人生的愿望所在。

当然这个方法也可用在咨询当中。比如有学生即将考试，可以先让他在考察过考场之后，首先想象在电影屏幕上正在播放自己如何轻松地走进考场，如何在考场上轻松地答题，又如何完成答卷、交卷，过程中尽量把画面调整得清晰细致。接下来再让他上屏幕中实际去扮演一番自己是如何成功完成考试的。

如此这般就可在内心塑造一个成功的自我心像，而后这个自我心像就会在现实中展现出来。

接下来还有一个重要的步骤，就是行动。没有行动，只是空想，也不会有任何结果。就像前面咱们说的"假装法"，您可以先以"假装是"的方式去生活，可如果只是装而无实际行动的话，就成了骗自己了。

这里有人可能会说，假如没按我所想象的发展怎么办？

坚持！没有别的办法，因为只有通过不断地坚持，坚持去做，我们固化的心像才有可能改变，所以如果有一次没有达到，一定不要气馁，坚持相信加上持之以恒地去努力，一定会成功。

和“我”和解

　　或许您有过这样的经历，有时在做决定的时候，内心好像总有个声音说"这事可不行，算了还是别做了"；或者当您做完某事之后内心常常否定自己，跟自己较劲，觉得自己一无是处；或者您习惯性地把自己最不想被别人看到的一面深深地隐藏起来，不肯示人。

如果有，或许您真的需要和"我"和解了。

"我"，像是两个"戈"背靠背组成。戈是古代的一种兵器。试想两件兵器背靠背难免互相碰撞争斗。同时这两个"戈"又紧密相连、相互依存，根本就是不可分割的整体。

这是否预示着"我"本就是善恶两面、好坏一体？就像有句话说的："你消灭的每一种缺点都存在着与它对应的长处，两者相辅相成，生死与共。"

看到这儿，您或许会对古人造字之巧妙赞叹不已。的确，"我"似乎有两面：一面是"好自我"，就如一个是璀璨的明星，傲立森林的参天大树；另一面是所谓的"坏自我"，有着些许缺点的凡人，一棵难经历风雨的小树苗。

"我"分出了好坏，出现了对立的两面，于是压制、对抗、争斗不断地产生，人生则陷入漫无边际的纠结、苦恼之中。

大学生小杜刚毕业走上社会，起初对未来充满信心，期望着在社会大舞台上一展抱负，成就自己的事业。可半年下来，就接连遭受打击。原来由于缺乏社会阅历，对自我认识不足，理想和现实出现了很大的差距，他没能很好地协调两者，于是出现了一系列的心理症状。

"我"也分成了两派：一派"我"觉得自己本就是成就大事的人，怎能安于现状；另一派"我"则觉得自己就是个失败者。于是两个"我"整天在打架，用他的话说："我都不知道哪个才是真的我，再这样下去，我就要分裂了。"

由此看来"我"的有机结合、和谐统一才是人健康发展的关键。

那何为"好自我"及"坏自我"呢？

"好自我"，很像是每个人内心所期望达成的那个"我"的样子，一般我们会用这样的表述，就是"我应该是怎样的，我必须是怎样的"等。而"坏自我"，往往是那个并不完美的"我"，有着各种为人知或不为人知的缺点。

首先我们说不管是好自我还是坏自我，本没有好坏之分，甚至在最初的时候"我"是完整统一的。只是随着长大，我们慢慢发现"我又好像不是我了"。

当"我"看到有些人学习好、听大人话，得到了大人更多的关爱时，"我"便期望"像他们一样"，"我也要做一个好学生""我也要成为成功者"。连我们的爸爸妈妈也总是以他们希望的那个"我"来要求"我"，"我"开始变得纠结：哪个才是真正的"我"？

有这样一个故事：说是达摩渡江北上，来到少林面壁修行。神光和尚慕名前来拜谒，请求开示，终以断臂求法打动达摩。

达摩问神光：你砍下胳膊，求什么呢？

神光答：我心不安，请师父为我安心。

达摩问：把你的心拿来，我替你安。

神光答：我到处找，可找不到心。

达摩道：如能找到，岂是你心？好了，我已经把你的心安好了。

诚然，心就在那里，何必他处去寻？而"我"本就是我，何必一分为二？

和"我"和解其实就是不对抗、不内耗，说白了就是不跟自己较劲。

举个例子：有个人有百分百的专注力，如果他不接受自己的某些方面，那他就需要时不时地拿出一部分专注力去盯着那个不接受的部分，以免它跑出来危害自己，假设这需要百分之三十的专注力，那他就仅剩下百分之七十的专注力去达成目标了。所以接受自己，就是把所有的专注力收回来，百分百地活人生。

和"我"和解其实就要多肯定自己。

在我们的传统文化中，谦虚是美德。可是很多人错解了谦虚的含义，把谦虚当成了谦卑。在古代两个人相遇，一方总会谦卑地介绍自己和家人：区区在下，这是贱内，这是犬子……当别人夸赞我们的时候，我们也总是回应"哪里哪里""我这孩子哪有这么好，比您家的差远了"等。这样的话说得久了，连自己都会觉得违心。

所以多肯定自己先从自我肯定开始。

你能否在纸上快速地不假思索地写上自己的20个优点？或者再多一些，再多一些。您写完这些优点，能否大声地把这些优点读出来并且倍感自豪？

肯定自己还有非常重要的一点，就是坦然地接受别人的夸赞。

举个例子：当对方夸赞自己的时候，我们回应可以是："我完全接受您对我的肯定，同时我会做得更好。"或者："谢谢！很开心得到您的认可，我会再接再厉！"

这样回答是不是感觉很舒服，同时让对方感觉到被接纳。

而当您的内心常有否定自己的声音时，您也可以用下面的方法来肯定自己：

首先请您在纸上郑重地写上自己的名字，写的时候，体验一下自己在写下名字的过程中，内心会有怎样的感受，充分感受一下这个名字所带给您的那份意义，或者您可以郑重地写下"我是_____和_____的孩子，我的名字是_____"，可以用这样的方法来链接父母，并接受那份生命的礼物。

其次，您可以在纸上写下最不希望别人看到的几个方面，这些方面一般是以符合三赢（即我好、你好、世界好）的原则为主的。

比如：我不希望你看到我的_____（可以写 3～5 个）。写完之后，体验一下这种负面评价带给自己的困扰，然后做一个决定，开始用正向积极的肯定来支持自己，您可以把它改写成：

是的，我接受_____，因为不管那是什么，这都是生命的意义；

是的，我接受_____，因为那是我生命的一部分，我全然地接受并成为我自己；

是的，我接受_____，因为我享受作为最独特自己的魅力，这是我的价值。

做完之后充分感受一下内心的变化，并把这种自我肯定所带来的感受深深地刻到心里。

这个练习您可以随时来做，一旦内心有谴责"我"的声音时，就可以把那些不接受"我"的话语写下来，并用上面的三个"是的"句子来改写。

当然您也可以通过每天早上对着镜子来做和"我"和解的练习。

比如您可以选择在洗漱间面对着镜子里的自己，然后欣赏地甚至深情地望着镜子中"我"的双眼，坚定地说出"我"的名字，同时大声地说："我喜爱我自己，我全然地接受我自己。"这个练习只要您坚持 21 天，您会发现自己会变得越来越自信。

和"我"和解，要多倾听内心的声音。

您可以选择两把椅子，然后想象可以邀请内心那个持否定意见的"我"坐在对面的椅子上，然后你们两个可以倾心而谈……

我不完美，可我们每天都在努力让"我"更加完整，所以不管是哪个"我"

都应该被看到，都值得我们发自内心地接受。

这两个"我"虽然看起来像两个背对的"戈"，不时发表各自的意见，可也只有紧密结合才能是完整的"我"。这两个"我"当然也可以拆解为理想的我和现实的我，其实不管是哪种表述，对于我们来说，让自己的人生更加完整丰盈是永远不变的追求。

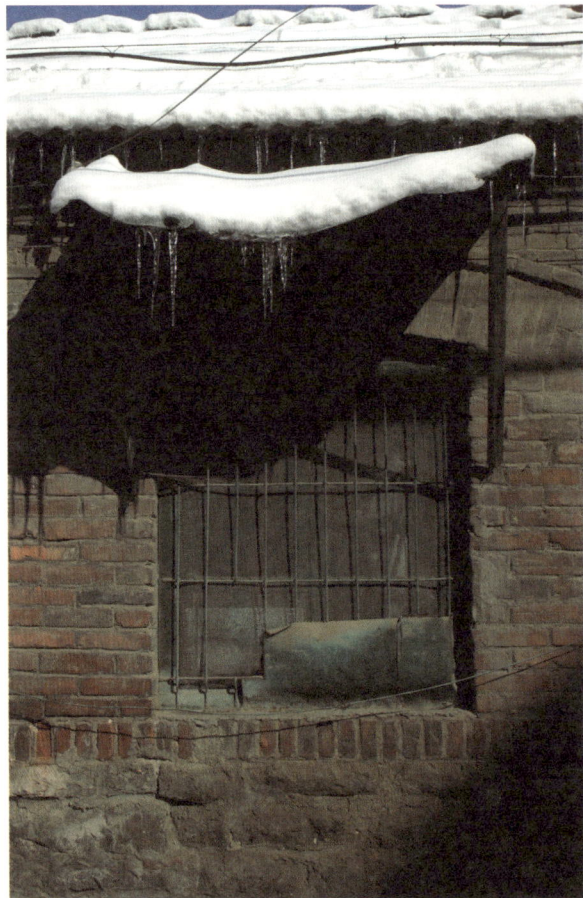

"家"和万事兴

　　家，一个神奇的充满魔力的字眼。每当想起它的时候，人们的内心总会涌动出不同的感受，甚至会调动起各种复杂的情感，或悲或喜。不知当您想到"家"这个字的时候，脑海中冒出的第一个词会是什么？

　　"家"者，上"宀"下"豕"也。

"宀"代表房子，是安全庇护的场所，用来把家人和外面的飞禽猛兽阻隔开来，而且家也是古人祭祀祖先或家族开会的地方，在这里大家真诚相待，各担其责。

"豕"是猪的意思，为人类提供肉食，代表着生存和生命，同时也是这个家的财富。

"宀""豕"连起来就是屋里有猪（食物），食物就在"家"这个地方分给每一个人，满足每个人最基本的生存需求。另外在古代"豕"（猪）乃六畜之首，有道是诸肉不如猪肉，代表的是财产，是财富的象征；而且猪的繁殖力强，因此还有兴旺的含义。

俗话说，家和才能万事兴。作为社会最小的单位，每个人对家都有一份期盼，期待能够以此为起点，成就自己的辉煌人生，所以家是我们人生打拼的基地，而"家"和才能后方稳，"家"和才能无后顾之忧地追求梦想。

"家"和的基石是安全感。

有人说，家是一个温馨的港湾，它提供给我们的基本的功能就是安全和护佑。

当我们在外面奋斗打拼，当孩子在外面探索求知，家永远也应该是安全的地方。

在这里，我们不再需要戴着社交面具；在这里，我们可以随时停下来疗愈伤口；在这里，我们可以安全地分享内心真实的感受；在这里，我们每个人都被接纳和尊重。同样，作为家庭的一分子，每个家庭成员都有责任为这份安全感付出努力。而现实又是如何呢？

曾有一位女士说，她不敢回家，因为一想到那个家，就怕得心慌，这源于她那个打骂成瘾的丈夫。也曾有这样一个孩子，每天放学都会在街上转悠到天黑才回家，因为他"要不是因为没有地方去，根本不想回那个家"。在这两个例子中，家成了避之不及的魔窟，更不用说提供基本的安全感了，人的心都失去了方向。

可是在原始社会，家是用来抵御猛兽、避免伤害的地方啊，现在怎会成了害人的场所？不管您在外面经受怎样的风雨洗礼，都请把家营造得温馨和轻松一些，或者干脆把家打造成人生的安全岛，让每个家人在经历失败、感受压力、体验负面情绪的时候都可以随时回到这里，被保护、被支持。您甚至可以把"家"这个字设置成一个温暖的开关，当遇到挫折的时候，只要嘴里一念起"家"这个字音，脑海中浮现"家"的样子，内心就充盈安全平和的感受，而这种感受可以帮你去战胜痛苦。

或许有的人会说，家又不是我一个人的，我能力有限。即使如此，也请您从自己开始，因为您的改变，是整个家庭系统改变的动力，就好像蝴蝶扇一下翅膀，大洋彼岸可以刮起台风。改变是自己主动把握人生的开始，因为您不再需要用不改变去迎合他人。

"家"和的根本是尊重。

首先，要意识到每个人都是这个家不可或缺的一分子，任何一个人在家庭中都应有相应的位置，而弱小的成员被轻视，离去的成员被遗忘，都会让"家"变得不完整。所以每一个家庭成员的资格都必须得到其他成员的肯定和尊重。

其次，做到分工有别、长幼有序，上得以养父母，下得以育子女。在"家"里，能力的强弱不是能否获得尊重的唯一标准，每个人在自己的位置上都应该被尊重。

曾有一位女士哭诉自己的丈夫在外找了情人："那个女人要啥没啥，没我长得好看，没我挣得钱多，为什么会找她，哪怕找个比我漂亮的，我也认了。"

记得当时我问过这位女士有尊重过这个男人吗，她才从刚才滔滔不绝的数落中陷入沉思。

原来在她和丈夫的互动中，她一直以女强人自居，用她的话说，是这个男人太没用，所以她不得不顶上去。而事实是，在过去的日子里，她的丈夫也曾经很努力地去做事，只是不管做什么，她都觉得不够好。于是这个男人便索性做起了甩手掌柜，开始逍遥人生。

这位女士在某些方面的确没有尊重她的丈夫，并且没有给他足够的空间和时间去展示男人的魅力。记得有一位女士说过："好男人都是夸出来的。"我觉得这有道理，这是一种尊重，因为女人正是用自己的柔软、理解和包容让男人的力量得以发挥。

在家庭中，女人需要得到尊重。

一个不懂得尊重女人的男人很难在事业上取得成功，即使侥幸挣得了家业，也会很快流失掉。电影《叶问》中，叶问说过一句话打动了很多人的心："我不是怕老婆，我是尊重女人。"可以说尊重女人是家庭稳定的基石，因为女人是家庭管理的核心，是生命的孕育者，所以尊重女人就是尊重生命。

在"家"中，父母需要得到尊重。

尊重从接受开始，接受父母的不完美，接受他们有选择自己人生的权力，有承担自己人生责任的义务。同时，接受父母就是接受自己，因为只有接受了这份来自父母的生命的传承，我们的人生才有意义。接受父母，就要放弃对理想父母的不切实际的幻想，接受他们真实的样子。

在"家"中，孩子需要得到尊重。

每个孩子都是下凡的天使，父母不要指望拥有理想的孩子，他们独一无二的人生才是需要我们无条件地接受和尊重的。尊重孩子，就要了解他的所有感受，当孩子诉说时，安静、专心、不带任何评判地倾听；尊重孩子，就要学会看到孩子行为背后的深层需要，而不仅仅是批评孩子的某个行为；尊重孩子，就要把孩子当成一个独立的人，而不是把他们当成用来实现人生理想的工具。

在"家"中，兄弟姐妹都应该被尊重。

"家"和的终极追求是爱。

在家里，所有的矛盾都因爱而起，也因爱而解。爱是"家"这个人类社会细胞的给养。

古人说："有夫有妇，然后为家。"因为爱，夫妇联合才有了"家"。现代人说"爱就是服务，爱就是跟随"，因为爱，男人心甘情愿地站出来，担负起保护"家"的责任，为"家"服务，创造价值；而女人也因为爱，撑起了管理"家"的责任，发挥出女人包容的力量，让"家"和谐有序地发展。

"家"是什么？

"家"或许是一个人灵魂的栖息地，是一个精神的乐园，或许就是柴、米、油、盐、酱、醋、茶，是归来时桌上热腾腾的饭菜，是孩子扑进怀里的笑脸。"家"正是平凡中那一段最温馨的时光。

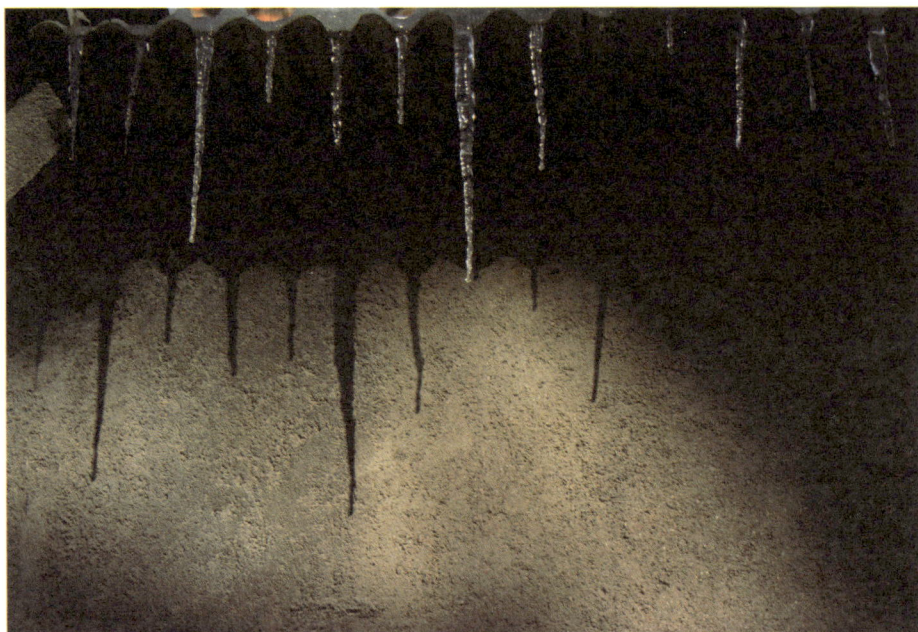

从怀旧复古谈"锚"的应用

我对朋友说，自己是一个懂得规划未来的人，可有时也忍不住迷恋一些复古的物品，比如老式的相机、难觅踪迹的 120 胶片等。对我来说，怀旧的物品让我感觉生活是连续的，就好比带着过去的时光去迎接未来一样，心里充满了温情和能量。

普遍印象中，怀旧似乎是中老年人的专利，可如今一部分走在时尚前沿的年轻人开始引领复古的风潮，越来越多的奢侈品牌加入了复古大军。

心理学上，怀旧常被称为"回归心理"。从更深的心理学层面分析，当面临压力、感到焦虑的时候，我们会通过怀旧、通过对旧物件的把玩，寻求心理安慰。这种安慰可以唤醒昔日的深切感受，满足当下的心理需要，让烦躁焦虑的心境回归平和。这种时光交错的感觉，恰到好处地通过复古时尚品带给我们安全和爱。

怀旧似是一种情结，一种"年华渐逝"的心理印记，从东汉班固《西都赋》"愿宾摅怀旧之蓄念，发思古之幽情"的句子中我们可窥见这种怀旧情结的渊源。而如今对旧物件的怀旧遇上了复古风潮，但凡沾上怀旧、复古字样的商品立马变得非凡脱俗，甚至影响了很多的时尚品牌。就像是回力解放鞋在价格上比国际品牌的耐克还要高，莱卡 M-E 这种复古范十足的相机售价一般消费者难以企及。

而消费者选择这类时尚品，是因为对某种物品的怀旧总带着些许舒适、亲切、温馨等感受，里面蕴含着很多值得回味的元素。一块老式面包香甜的味道会让我们想起某次家庭聚会时的甜蜜感受，一个搪瓷缸子会让我们联想得到奖励时的自豪情感，而一件儿时的军绿色书包会让我们重温学生时代的快乐时光。这些温暖甜蜜的感觉和某种怀旧复古的物品一旦在我们心理上做了"链接"，就形成了心理层面的条件反射，这就是一种称为心"锚"的心理反应。

"锚"，船停泊时所用的设备。而心"锚"，就像是在我们每个人心中所放的书签一样，它可以通过某种特定的场景物品激发我们某时某刻的心理感受，例如"睹物思人""触景生情"等。它还可以增进人与人的亲密感，尤其是当我们拥有共同的怀旧记忆时，那种内在的、蕴藏在潜意识深处的"似曾相识"的感觉会让具有共同怀旧兴趣的人之间亲密感倍增，并很容易获得群体成员的认同。

所以怀旧复古的物品就是安放在心里的"锚"，可以唤起人们旧时的某种情感，例如温暖、快乐、温馨等。这种情感可以帮助我们来缓解某一时期的孤独、压力等负面感受，让人可以从某种当下的负面情绪中短暂地抽离出来。

当然这种心里的"锚"也会链接痛苦的、不堪回首的情绪情感。但从一般的经验来看，物品怀旧心理带来的多是正向的体验。而如今，怀旧也逐渐成为一种平和的自我调节、缓冲压力的方法，复古时尚品起到了一定的维系心灵平和、返璞归真的积极作用。究其根由，所有的这些都是"锚"的效应。

"锚"除了上面所讲，作为一种心灵的印记，激发我们的怀旧心理，其实里面还蕴含着很多心理学的技巧，那么，我们就来讲一讲心"锚"的应用。

有时我们会有这些体验：

对某种水果特别不喜欢，哪怕别人品尝，自己都会躲得远远的。

走在大街上，听到一首熟悉的歌曲，心里会莫名忧伤，甚至潸然泪下。

特别喜欢佩戴某件饰品，因为只要一戴上它，整个人都充满了活力。

和一群朋友外出游玩，选择了一件以前常穿的运动装，一双舒适的运动鞋。而这一天也和以往那样惬意、舒服。

对某一个人的眼神特别敏感，即使这个人是初次见面。

被别人无意碰一下头，就莫名地感到愤怒。

参加某次聚会，有种似曾相识的感觉，就好像之前也是这些人在同样的场合相聚，虽然这的确是第一次。

这些都是心里的"锚"在起作用。而心锚也普遍地存在于我们的生活中：见到红灯会停下来；见到警察有安全感；听到消防车的声音感到紧张。可以说万事万物都和我们内心的某种情绪有链接。

记得在李小龙主演的电影里，他每次和对手战斗之前，都要先摆出个架势，用手碰一下鼻子，嘴里发出几声怪响。这就是启动心里的"锚"的过程。

当然李小龙的心锚一定是之前就安装了，并且这一系列动作都是自信的表现。李小龙信心满满地打败了对手，然后信心十足地摸摸自己的鼻子，嘴里发出几声得意的叫声，甚至摆出胜利的姿势，这样他就在不知不觉中为自己设下了胜利且自信的心锚。当有一天面对对手时，他就可以在战斗之前先做出这些动作，以唤醒最初那种胜利的感受。

对于对手来说，相信在战斗之前一定仔细研究过李小龙的特点，而当真正面对时，看到李小龙抹鼻子的自信样子，听到他嘴里发出的声音，立刻启动了紧张的心锚，而这个"锚"会带来相反的作用。

由此看来，心锚对于我们来说大有作用，我们既可以给自己安装心锚，又可以为别人安装。那心锚该如何设立呢？

第一步，我们要先选择一个锚。锚可以是可视的，也可以是可听、可触的，可以说，万事万物都可以成为锚。皱一下眉，这个对自己来说是个触觉锚，而对于他人来说就是个视觉锚；看到绿色的物品，这就是视觉锚；听到别人叫自己的名字，这就是听觉锚；握一下拳头、捋一下头发，这是触觉锚。

第二步，当锚设立以后，我们就要选择锚所链接的状态。这个状态一般是指强烈的情绪状态，越强烈启动时效果越好。当然这个情绪一般是正向的积极的感受，如果您恰好为别人的负面情绪设置了心锚，那就另当别论了。

第三步，就是把锚和强烈的情绪感受链接在一起。这里要注意的是时机的把握，一定在情绪到顶点而快要衰退的时候设置锚。

第四步，就是多链接几次。不断重复，有助于锚和情绪感受的链接。

举个例子：老刘是我非常好的一位朋友，这一天他又打来电话，向我分享最近一个项目取得的成果，就在谈得兴高采烈时，我如往常一样适时地给了他一个短促有力的听觉心锚："兄弟你真是太棒了！"可想而知，当下次他邀请我为他一个新的谈判项目助阵时，我只需要在他进会议室之前，再次对他说："兄弟你真是太棒了！"相信这足以激发他成功自信的感受，以助他成功。

可能有人会问：我们想给人"安装"心锚，却又苦于他近期并没有这种情绪体验，那我们该如何是好呢？

其实很简单。我们只需要通过互动聊天，比如不经意地问起一件他之前做过的事情，让他多谈一些事情的细节，让他在描述的时候重新体验到那种感受就可以了。人在描述细节的过程中，会不自觉地进入当时的场景，在聊的过程中很容易重新体会当时的感受，而我们只需在对方进入状态时把锚链接上。

当然也可以自己给自己"安装"锚，步骤如前。只是我们需要自己带入自己想要的状态，然后把握时机"安装"即可。

锚如果设置不好，也会带来负面效果。比如有的人只在孩子考试不好的情况下出现，即使在不考试的情况下，只要孩子看到他就会心生烦躁；还有的夫妻不进卧室不吵架，有的时候甚至伴侣都躺下准备休息了，还要把对方揪起来，非要把事情说个明白，长此以往，对家里这个温馨安全的地方心生厌烦，于是便另寻他处去了。

有这样一个段子：两个同级别的部门经理 A 和 B，都在竞争副总的位子，同时 A 经理有报销的权力，比 B 多了点实权。只是这个 A 经理后来出于一些考虑把报销的权力让给了 B。B 经理满心欢喜，以为 A 对自己示弱，于是常常去找老总报销以显示自己的权力。而 A 只有在取得了重大业绩的时候才去找老总，于是最终的结果是 A 顺利当上了副总，而 B 只是个有报销权力的部门经理。

不知您是否看出了其中的奥秘？

学点心锚，能提升自我，能和谐关系，还能增加自己的魅力，加深别人对自己的印象。比如赵本山头上的帽子、冯巩"我想死你们了"等，这些都是精心设计的心锚，每一个锚都链接一个笑点。长此以往，甚至只需要启动锚而不用抖包袱，你就会笑起来。

当感觉到自信的时候，你就伸出你的大拇指给自己点个赞吧。

志之所趋，无远"弗"届

古人说："志之所趋，无远弗届，穷山距海，不能限也。志之所向，无坚不入，锐兵精甲，不能御也。"意思是说，志向所趋，没有不能达到的地方，即使是山海尽头，也不能限制。意志所向，没有不能攻破的壁垒，即使是精兵坚甲，也不能抵抗。

"弗"，"不"的意思，同时也有"不正而使其正义"之义。

我认为，"弗"，"弓"字上面加两弦，一个"弓"，然后是一"丿"一"丨"。其中**"弓"像极了曲曲折折的人生，而一"丿"一"丨"则代表度过曲折人生，到达远方的智慧。**

古话说："艰难困苦，玉汝于成。"追寻梦想的过程中会有欢歌笑语，也免不了坎坷险阻。前行的每一步都可能布满荆棘，除了坚定的信念，还要具备一定的人生智慧，而"弗"字的一"丿"一"丨"恰恰蕴含了这些智慧。

第一层智慧是：能屈能伸。

能屈能伸者，既要有"千磨万击还坚劲，任尔东西南北风"的韧劲，又要有"我觉得坦途在前，人又何必因了一点小障碍而不走路呢"的从容。能屈能伸不是苟且偷生的法门，而是如水般灵活的智慧。正所谓"钝斧锤砖易碎，利剑劈水难开"，"水无形而有万形，水无物能容万物；善之人如水之性，心容万物故不争"。水无形，却最有型，其能顺应自然，因势就形。

第二层智慧是：接受和放下。

接受让我们学会包容和尊重，在该弯腰的时候就弯腰，该臣服的时候就臣服，因为徒劳的内耗只会消耗我们的能量，收回对抗只为能百分百地活出自己；而放下是接受之后的坦然，没有任何的牵绊。

有这样一个故事：老少两个僧人路遇女子被河水阻隔，年老僧人伸手援助，背女子过了河并顺利放在对岸。年少僧人心生疑惑：师父怎能破了戒律背女子？年老僧人捻须笑道："我过了河就把她放下了，你怎么还放不下？"

由此可见，放下就要放得彻底，而放下也需要足够的人生智慧。有句话说："人生取固费劲，舍亦大难。"拿起来本来就很难，何况放下紧紧攥在手心里的东西。其实细究起来，我们以为我们要舍去和放下的，或许本来就从未拾起。

第三层智慧是：知行合一。

人生成长的过程就像轮回，从小到大都在经历这样四个阶段的往返。

第一阶段是我们年幼时，那时的我们心口如一，知行合一。饿了就直接要，痛了就直接哭，直来直去。

第二阶段我们年龄渐长，这时开始学会压抑，某些情境下，明明喜欢却装着无关紧要，明明厌恶却不敢表达，知和行分离，自己变得越来越分裂。

第三阶段是学习成长中的过程，这个阶段我们开始尊重自己的内心，开始懂得爱别人先爱自己，开始回归心口如一、知行合一，只是回归的路不平坦，因为我们在照顾自己感受的时候往往得罪了他人，却没有好的办法，遇到很多的挫折和打击。

第四个阶段是成长后的阶段。这个阶段我们开始灵活地走在心口如一、知行合一的路上，既表达了自己的诉求，尊重了自己的界限，又灵活地运用合理、合适的方法尊重和理解了他人，我们活得越来越顺畅轻松。

第四层智慧是：身心的修行。

身心的修行既有"苦其心志，劳其筋骨，饿其体肤，空乏其身，行拂乱其所为，所以动心忍性，曾益其所不能"的磨炼，又要保持健康的体魄和良好的心理状态。这个过程充满艰辛。

有人问我这样一个问题：身心修行的过程，高人引领和自己独自体验的区别在哪里？

我当时是这样回答的：**人生就像爬泰山，自己攀爬累了些、苦了些，会有磕绊、会有身体的酸痛，可体验到了爬山的乐趣，记录了每一个攀爬的脚步；而求助高人就像坐索道，可以从更宏观的角度看待自己的这段人生路，可以从另外的视角看山的风景，节省了体力，多了份觉悟。**

生活就是修行的道场，每时每刻的体验都是真实的人生经验，柴米油盐间亦能发现生命的真谛。高人无法一直陪伴我们左右，无法替代我们成长，身心的修行还需自己去磨练。

第五层智慧是：情商和智商的结合。

真正成功的人，是智商和情商结合的典范，有的人说，情商是人的"上层建筑"，智商是人的"经济基础"，它们两者相互依存、相互制约、相互促进。

另据载，古文中的"弗"状似用绳子把箭杆与矫直的工具绑在一起，表示矫正意思。"弗"代表矫正人的思想，或者指思想觉悟了的人。人正是在不断的矫正中，到达了远方，实现了自己的人生目标。

和谐沟通跨越"沟"

　　一位妈妈说："我家那孩子，年龄越大越不懂事，以前小的时候整天黏着我，问这问那，天天有聊不完的话题，现在可好，放学进门，就直接进自己屋，我们主动和他打招呼，也是哼哈，懒得搭理，除了吃饭、要零花钱，我们都快到无话可说的地步了。好心和他交流，这熊孩子甚至拒绝沟通。"说到这儿，这位家长一脸无奈，恨不得把心里的不满、焦虑全都化作"怒气"指向孩子。

　　细想一下，这位妈妈的确有些力不从心。这或许是她对沟通的理解不足。

　　从沟通的原意来讲，是指挖沟使两水相通。试想两条完全不相融的水渠，现在要彼此连到一起，如果没有共同的目标、良好的互动、情感的交流，怎么能够完全融合？

回首人生，在妈妈肚子里，我们就用自己的肢体传递信息：我饿了，我现在有点不舒服……这就是沟通的开始，及至来到这个世界上发出的第一声啼哭，也像在对爸爸妈妈传递信息：我来了。

随着年龄渐长，我们开始尝试和周围的每一个人沟通，有时用语言，有时用肢体动作。高兴了我们会手舞足蹈，害怕了我们会躲进妈妈的怀抱。有的时候这个沟通很顺畅，对方能很好地解读我们传递的信息，并且能积极地给予回应，可有的时候，也会因为对方的曲解，使沟通陷入僵局。

再接下来，我们进入学校，和同学、老师依然不停地沟通。再到后来恋爱、婚姻，步入职场，同样面临着沟通的问题。

沟通对我们的人生是何等重要！所谓沟通，就是人与人之间、人与群体之间思想与感情的传递和反馈的过程，在这个过程中，如果我们的思想达成一致、情感交流通畅，就会让人感觉舒服和愉悦，反之，就会有负面的情绪感受。

那如何才能有效地进行沟通跨越"沟"呢？

我想请您找一位同伴，彼此做自我介绍，任何介绍都可以。比如：我是××，很高兴认识你。

好了，当您做完这个练习之后，请您再郑重地邀请您的同伴坐下，保持一个合适的距离，看着对方的眼睛，带着真诚对对方说：我是××，很高兴能和你在一起。

如果您做完了这个练习，请闭上眼睛去体验一下这一次和第一次介绍的时候有哪些不同。尤其是双方都全身心地投入沟通中，是否体验了那种同他人在一起的真诚、喜悦呢？

如果您体验了这种感觉，那说明您已经做好了沟通前的准备。

让我们回到沟通的"沟"这个字上，**"沟"，沟壑，有障碍之意；说明沟通就是消除障碍，使彼此相通的意思。由此可见，沟通有一定的清障作用，而沟通中所遇到的"沟"即阻碍，是我们要认真考虑并需要跨越的。**

跨越"沟"，阻碍因素有以下四个：

第一，目标不明。很多人可能都知道沟通是有一定目的性的，可是有的人因太关注沟通或者道理本身，而忽略沟通到底是为了什么。所以沟通之前至少要先把想传递的思想搞清楚，并认真考虑沟通的真正目的。

第二，沟通氛围不当。良好的氛围是有效沟通的前提。试想一下：在一个舒适、安宁、轻松的环境中交流，是否更容易达成一致呢？所以一个沟通力强的人很善于营造和谐氛围，即便是在一个不太协调的关系里，他们也可以找到使双方都感到轻松平静的时间去沟通。

第三，角色定位不清。角色不清，让人与人之间多了误会和矛盾。原因是每个人都以为自己很清楚自己在沟通中是什么角色，可真让他讲一讲的时候，才发觉自己的认知不清晰。

就比如"父母"这个词语，爸爸心里的"父母"、妈妈心里的"父母"、孩子心里的"父母"往往都不一样，就连爸爸和妈妈心里的有关父母的角色也不尽相同。

糟糕的是，**在亲子沟通中，双方根本没有机会坐下来好好地交流一下。爸爸、妈妈费尽心思去做自认为合格的那个爸爸、妈妈的角色，孩子却觉得自己的爸爸、妈妈离心目中理想的父母形象越来越远。**到了最后，亲子关系陷入僵局，就像开头出现的那一幕，到了孩子和父母无话可说的地步。

所以沟通前，先做个角色定位，想一下自己对这个角色的看法，再思考一下对方对自己角色的期待，进而把自己的角色还有对方是何角色定位得清晰准确。这样沟通，双方在思想、情绪和行为上的契合度才会高。

下面有个小练习送给您，以便您能更清楚什么是沟通中的角色定位。

假设您要和人沟通："不知你有没有时间，我想给你一些建议"，接下来，您需要分别扮演沟通对象的"领导、朋友、孩子"这样三个角色，做好这些准备之后，请您分别以领导的角色、朋友的角色、孩子的角色对沟通对象说："不知你有没有时间，我想给你一些建议"。在角色转换之间，不知您会有怎样的感悟？

第四，用假设做决断。在沟通中，常会出现这样的情况，我们在不明白对方真实意图的情况下，就已经做了决定。例如一个业务员，在拿起电话的时候，内心经将要沟通的对象做了预判：这个客户难沟通，根本不会买。"假设"会阻碍沟通。和孩子的沟通也是如此，我们常常凭借对孩子的刻板印象，提前做预判，还没经过和当事人沟通，就武断地认为他一定会如何如何。鉴于此，一旦遇到不确定的情况，请您不要先做判断，找当事人直接问清楚才是有效沟通的良策。

当然影响有效沟通的"沟"（阻碍因素）还有很多，这里不再列举。希望您在沟通中可以把握以下七个跨越"沟"的要诀：

1.请相信每个人都喜欢并渴望沟通，关键是你选择怎样说。同理，每个孩子都愿意和父母沟通，关键看父母使用怎样的沟通方式。

2.当下，我们都用最好的方式与他人沟通。没有哪个人会存心伤害别人。我们可以不断地学习，选取更适合的沟通方法，提升自己的沟通能力。

3.沟通中，说得对不对，有没有道理，好像意义不大，说得有效果，才是沟通的根本目的。

4.当沟通遇到障碍的时候，对方反抗的一定不是你这个人本身，而是你沟通的方式和方法。

5.重复没有效果的沟通模式，只会得到旧的结果。如果您觉察到现有的沟通方式没有效果，请改变。

6.明确沟通目的，营造和谐氛围，倾心（专心听、仔细看、用心想、勤问）而谈。

7.沟通中先照顾对方情绪，再介入事情和道理；语言中的连接词少一些"但是"，多一些"同时"。

催眠如何"催"

前段时间一档叫作《挑战不可能》的娱乐节目吸引了大家的眼球。节目中，一位叫克里斯蒂娜的英国催眠师，利用一只叫作"公主"的狐狸犬将台上的十几名体验者都催眠倒地，连主持人董卿在体验的时候都表示，当她看着狗狗的眼睛时"会让自己不寒而栗，感到害怕"。那这只狗狗到底有何魔法，能不用掐诀念咒、不发一声，仅用眼睛就把人催眠？还是说抱着狗狗的催眠师才是那最厉害的角色？而催眠又是如何"催"的呢？

说起催眠，很多人都会用神秘形容之。的确，从萌芽之始，催眠就包裹上了一层神秘的面纱，它的历史几乎与人类文明一样古老。

在中医里面有一个科目叫作祝由科。据《古今医统大全》载："上古神医，以营为席，以刍为狗。人有疾求医，但北面而咒，十言即愈。古祝由科，此其由也。"《二十年目睹之怪现状》写道："那祝由科代人治病，不用吃药，只画两道符就好了。"

"祝"者，咒也；"由"，病的原由也。因此很多心身疾病都是祝由科治疗的范围。"祝由"还包括禁法、咒法、祝法、符法，以及暗示催眠疗法等。祝由里就有催眠疗法的雏形。

在唐朝有这样一个故事，说唐玄宗李隆基在杨贵妃死后，思念日甚，"他以神思，上穷碧落下黄泉，追寻杨玉环的幽灵不得，遂请来杨贵妃的画像作祭。他老泪纵横，昏然睡去，恍惚间，到了月宫，去叩杨玉环的门环。但见杨玉环宛如嫦娥，盛装来迎。二人在天上，永续人间之缘"。这段话的意思就是讲：唐玄宗李隆基在杨贵妃死后，每天都在想念他的爱妃，备受相思之苦的煎熬，这一天他又拿出杨贵妃的画像，边看边流泪，昏然睡去。恍惚间，他发现自己到了月宫。这月宫是一座富丽堂皇的宫殿，于是他上前叩打门环。不多时，就见杨玉环宛如嫦娥，盛装来迎。于是二人在天上再续前缘，过上了幸福的日子。

通过上面的描述，我们可以看到唐玄宗李隆基其实就是利用自我催眠的方法把自己"催"入了仙宫和杨贵妃相会，以解相思之苦。用我们现在的话说，就是做了一次身心的疗愈。

而在印度、埃及也常有人施展催眠的方法，在宗教神秘的光环下，以彰显其神力。因此，催眠常常与"神力""超自然"相联系。到了1842年，英国的詹姆斯·布莱德博士在治疗实践中，根据希腊语的"睡眠"一词发明了英文单词"催眠"。

当然如果详述起催眠的历史，估计这点篇幅难以言尽。先来看一下催眠的定义。

英国医学会认为，"催眠状态是一种高度专注的意识变动状态，它非睡眠状态，不是正常的清醒状态"。这个定义好像和"催眠"这两个字不是很搭边，因为我们一看到"催眠"这两个字，很容易联想到的就是睡眠，也就是被催睡着了，所以当年詹姆斯·布莱德在创造"催眠"这个词的时候，是借用了希腊神话中睡神Hypos的名字。

实际上，催眠不是睡眠，只是进入一种看起来好似睡眠的状态。我跟学员开玩笑说：催眠中"催"的过程就像是谈恋爱，从最初的引导注意、相互吸引，到逐步建立亲和关系，再到浓情蜜意、两情相悦，恋爱中的人就一点点进入了深度催眠状态，而这个时候就会呈现各种催眠现象，比如"我的眼里只有你""什么都是好的，只见优点不见缺点""为了爱抛家舍业走天涯"等。而随着时间的推移，当激情渐退，人逐渐回归现实的、清醒的意识状态，对婚姻生活开始有了理性的分析和判断，这就好比一个催眠唤醒的过程。而婚姻是否是爱情的坟墓，就要看在这个过程中，人是否有觉察和成长了。

接下来，我们一起来看一下"催"这个字，以便您能更好地了解如何进行催眠。

"催"，是指催化、手段，所以催眠就是通过一些手段、方法的催化作用，让人进入一种特殊的意识变动的"眠"的状态。 在这种状态下，被催眠对象可以产生多种不同的现象，如感知觉和记忆的改变、暗示性的增高，处于容易接受建议的状态等。而催眠治疗可以说是一种通过调动人的潜意识，将蕴藏在人体内潜在的能力发挥出来的一种方法，同时是跟潜意识对话的方法。

另外，从脑波的角度来解释，**人的脑波状态，有β、α、θ和δ，就像汽车的四个档位一样，人在日常生活中，脑波的几个档位在不断地自由切换，就好比汽车行驶在公路上，而没有哪辆车能一个档位从头开到尾。而催眠的过程就像是在驾驶汽车，催眠师就像是驾驶员，需要熟练地切换各个档位，利用多种"催"的方法，让被催眠者能顺利地进入"眠"的不同状态，进而到达目的地，达成目标。**

那催眠如何"催"才能达到上面所述的那些状态呢？除了利用一些结构的、非结构的导入方法外，还有以下四个要点：

要点一：亲和。

亲和也可以理解为契合，或者简单理解就是合拍。有句话说得好："人因为相似而在一起。"同样我们也更愿意接受和我们脾气相投、理念契合、值得我们信任的人的建议。所以如果您能掌握快速和对方建立亲和的方法，催眠基本上就成功了一半。那如何同别人快速建立亲和呢？

一般在正式催眠之前，催眠师都要和被催眠对象进行催眠前谈话，在这个过程中，催眠师可以通过语音语调、呼吸、身体姿势等语言契合被催眠者以建立信任关系，让对方舒服踏实。而谈话一般会涉及自身资历的介绍、相关问题的解释等，逐渐消除其对催眠的恐惧，建立信任关系。所以如果您是一位能快速并能同不同类型的人建立亲和感的人，那相信您的催眠能力一定很好。

要点二：专注。

不管是帮助别人实施催眠，还是进行自我催眠，专注都是非常重要的因素，因为在专注的状态下，人能集中注意力，催眠状态就是我们的注意力高度专注的状态。如果把催眠的过程比喻成光，那在清醒状态下，人就像是发散的光源，照顾到的面积很大，但发散不聚焦；而在催眠下就像是集束光，照的面积小，可是更清晰。

所以催眠的过程就是通过技巧性的引导，把被催眠者的注意力由外到内逐渐聚焦的过程，最终聚焦在目标上，这时人的专注力就像激光一样，能发挥出巨大的潜意识能量。引导专注的方法有很多，像专注呼吸、躯体的渐进式放松、凝视水晶球、怀表，凝神观想愉快景象等，还有瞬间催眠，快速进入专注状态。所以如果您想成功催眠，得先学会吸引别人注意力的方法，比如让自己的声音充满磁性、有特点，学会凝视对方的眼睛，学会控制语速、适时停顿等。

要点三：预告。

催眠的过程，是一个告知的过程，不管您在催眠的时候采用什么样的方法，都可以提前告知对方，比如您想让被催眠者凝视水晶球，您可以这样对他说："接下来，我会把水晶球放在您的面前，当您凝视这个水晶球的时候，您会发现，过一会儿您的眼皮开始眨了……"而你真的这样做的时候，对方不会感觉突兀，也不会感觉不安全。所以不管做什么，请您先告知。而当告知的事情变成现实的时候，对方会认为这是理所当然的。

要点四：信号。

催眠的过程，就是设置信号并反应的过程，通过不断地设置触发点，并且用连接词把所期待的反应连接在一起，这样循环往复，就可以触发催眠状态。

介绍完上面这几个要点，下面我们来回顾一下《挑战不可能》中英国催眠师克里斯蒂娜利用狐狸犬催眠的过程：

主持人对克里斯蒂娜进行介绍，他重点提了这样一点："我们都听过催眠这个概念，更多是在心理治疗中人对人的催眠，过去在这个舞台上大家也看到过人给动物做催眠，但是你看到过动物催眠人吗？"瞬间吸引了大众的眼球，起到了引导"专注"的作用。

接下来，栏目组就开始播放英国达人秀中狐狸犬"公主"催眠了好多人的场景，甚至提到著名的评委西蒙·考威尔也被催眠。而小撒更是即兴来了个表演：凝视狗狗的眼睛后瞬间倒地，虽然他后来表示这是演的，可是他说了一句："刚才你们看到的这一幕，稍后我们真的会在场上呈现。"这其实都是在做"预告"，告知接下来会发生什么，当台下的观众（包括即将上台的体验者）收到这个暗示之后，就建立了一个由信号（狗狗的眼睛）到反应（就会像那些被催眠的人一样倒下来睡着）的过程。

克里斯蒂娜邀请愿意接受催眠体验的人上台，并从中筛选出受暗示性较高的青少年年龄段的体验者。这其实是在引发动机，并进行敏感度筛选的过程。

在后来的密室中，也不断进行"催眠—唤醒"的过程，这个过程，一方面，可以提升参与者的敏感度，学习并体验放松时身心的反应，另一方面，可以强化参与者的"信号—反应"过程。

接下来就是上台等待"信号—反应"的触发就可以了，当然催眠师怀中的那只通体全黑、眼睛闪着亮光的狐狸犬也是非常好的催眠工具，而人在长时间向上（大家可能注意体验者都是跪在地上的）凝视一个物体时，很容易造成眼疲劳，进而触发睡眠的条件反射。

当然这只是娱乐节目的简单解析，催眠师现场的处置和应变能力也是非常重要的。

催眠并不神秘。相信很多初涉催眠的人都渴望着有朝一日获得这种能力。可真实的情况是，每个人内心早已具备了无限的潜能，而催眠中"催"的过程只不过是带您去发现并发掘而已。

再"忙"也别失了心

偶然间听了首歌,歌名叫作《忙》,里面的歌词写道:

忙着去工作

忙着去吃饭

忙着找几个朋友能陪自己来玩

忙着搞事业

忙着搞发展

忙着买辆车买层楼

让存折的数字翻几番

忙着的人们不愿意平平凡凡

··············

对不起，您拨打的用户正忙，请稍后再拨……

忙！忙！忙！现代人生活节奏快，每天两眼一睁，忙到熄灯。工作繁忙，压力大，难免心烦气短，腰腿抽筋。

就算朋友聚会，亲人相聚，第一句话也多是：最近忙啊！

我加了一个微信群，名叫"巅峰论剑"。群里人不多，就三五个心理圈的好友，且都是心理行业的专家、学者，没事的时候大家都喜欢在群里胡诌八扯，得了空还会约着一起撸个串、喝喝小酒。

只是近年，大家各自忙，几乎失了音讯，前几天偶尔翻看了一下微信，这个久未闪烁的群名竟然给改成了"巅峰论剑各忙各的了"，有一位好友甚至还在群里不满地发问："谁改的名字？"

一共板着手指能数过来的几个人，连谁改的名字都不知道，而且要不是经他这么发消息一问，这个群早就被忽视。

真是"各忙各的了"，这群名起得倒也恰当，细咂摸也能品出点孤单的味道。

忙！忙！忙！人到中年真是有太多的事要做。平常周一到周五忙着设计新的课程，忙着备课、约咨询、做个案，忙着带团体，忙着开讲座沙龙，忙着处理社会角色带来的"副业"，忙着不断地充电学习，到了周六、周日更是雷打不动地忙着四处讲课。回到家更是马不停蹄，忙着接送孩子，忙着洗衣、刷碗，忙着陪孩子读书做游戏，忙着瘦身练腹肌，忙着拍照秀人生，忙里偷闲还得刷刷朋友圈。

忙啥，到底忙个啥？

忙，指事情多，没空闲。"忄"指"神志"，"亡"意为"丧失""消失"。"忄"与"亡"联合起来，指"神志丧失"。

原来不用"心"，就是"亡"，就会"神志丧失"！

现在很多人从早到晚忙忙碌碌，一年到头辛辛苦苦，失了本心，没了目标，丢了意义，愣是把人生经营成了"盲、忙"！

拆字来讲，"目""亡"了就是"盲"！"心""亡"了就是"忙"！所以因为盲，我们看不清未来的景象；因为忙，我们错过了太多生命的精彩。

或许是时候把心找回来了。有这样一句谚语：别走得太快，请等一等灵魂。

不知道您是否还记得上一次和爸爸妈妈深情地拥抱是什么时候，是否还记得上一次端详孩子的微笑是什么时候，是否还记得牵着恋人的手是什么时候，是否还记得欣赏一朵绽放的花是什么时候，是否还记得上一次行走在这个城市古老的街巷是什么时候，是否还记得我们生活工作真正的目的是什么？

有个年轻人去深山求艺，历经千辛万苦终于找到了著名的剑客，他欣喜若狂，忍不住问剑客："我能吃苦、肯下功，您看我努力向您学习，多久才能成为一名剑术高手？"

剑客道："二十年。"

年轻人着急道："二十年太久了，师傅我愿意下苦功，三伏、三九我愿不眠不休，苦练功夫，能成为一名普通剑客，我便心满意足。您看最快需要多少年？"

剑客道："终你一生。"

年轻人诧异道："师傅，为何我要成为一名剑术高手只需二十年，而成为一名普通剑客却要终我一生呢？"

剑客道："因为学剑术，二十年足矣。你有没有想过，对你而言，剑客的身份意味着什么呢？你有没有想过你想成为剑客的初心是什么？"

所以把"忙"挂在嘴边的人，难免忘了初"心"，不用心安排自己的时间，不用心生活、工作，不用心去关注身边的人。

不忘初心，方得始终！

咱们一起定目"标"

"标"为记号，同时"标"的繁体为"標"，"木"与"票"联合起来似乎表示"轻摇的树枝"。

因此可见，目标中的**"标"，如果我们盯不紧、跟不上，就很可能像轻摇的树枝一样飘忽不定、难以达成，所以我们不仅要用眼，还要用心，聚精会神去看，去追寻。**

请您找个安静的地方，准备一张纸和一支笔，然后平静一下心情，思考这样一个问题：在这个世界上谁不需要制订目标呢？

不知您的答案如何？或许您会想：小孩子吗？还是碌碌无为的人呢？

《爱丽丝漫游仙境》中爱丽丝和柴郡猫有这样一段对话：

"请告诉我，我应该从这里往哪里走？"

"那可得取决于你想去哪里？"

"去哪里我都无所谓……"

"那么您走哪条路都行。"

在古老的欧洲大陆也流传着这样一些名言警句：

"如果一个人不晓得把船开往哪一个港口，那吹什么风都不顶事。"

"对于一只盲目的船来说，所有方向的风都是逆风。"

"灵魂如果没有确定的方向，它就会丧失自己。"

这些都在提示我们，人一定要有明确的目标。当一个人自己都没有明确的目标时，别人也不知道该如何帮他。

带着这个思考，请您为自己定一个目标，这个目标可能是您的一个梦想目标，也可能是您一个月、一年或一生中想要达成的一个目标，请您挑选一个并把它写下来：我的目标是_____。

写完之后，请您看着自己写的这个目标，在内心里同自己做如下对话：

这是我的目标吗？还是仅仅是一个美好的想法呢？

这个目标是我想要达成的，还是我力图去避免的呢？它是否充满了正向意愿呢？

当目标达成后，是否能实现共赢，我是否愿意负担起因此而需要付出的那份责任呢？

我准备在什么时候，什么地点，用什么方法去达成这个目标呢？

该如何来量化这个目标，又如何来评估它已经达成了呢？

至此，您是否能够清晰地理出您的目标呢？

目标与想法、梦想有个最大的区别：目标源自想尝试的冲动并会触发人的行动，想法虽然有这份感觉却往往停留在脑海中。即使您开始行动并取得了一定的成功，也常常会因为想法无法量化而自感无力。所以越具体的目标越让人充满动力，而美好的想法虽然能令人点燃瞬间的激情，却难以长久地去维持。

一般来说有效的目标至少具备以下七项要素：

1.由正面词语组成。所谓正面词语，一般是你想要的，而不是要避免的。

2.符合整体平衡。整体平衡一般包含两层含义：一是共赢原则，不能损人利己，也不能影响社会和他人；二是收取和付出的平衡，既要享得了福，又能受得了苦。

3.清楚明确。有明确的时间、地点、人物等。

4.可以量度。目标达成后，可以进行衡量和评估。

5.自力可成。依靠自己的能力可以达成。

6.成功时有足够的满足感。

7.有时间限制。要有期限，而不是无限期的。

请您再一次用这七个要素检视一下自己的目标，在经过这七个要素的澄清之后，您现在的目标是_____。

上面的七个要素，每一个都非常重要。如果您在制订了目标之后，开始犹疑：这到底是不是我想要的目标？或许您就应该回头再检验一下这七个要素中的第六条——成功时的满足感，看看它是否足够让您为之"振奋"，另外要检视一下这个目标是否能实现。

可能此时您心里还有个疑问就是：我的目标是挺好的，那该如何去向它靠拢，直至最终将它握在手心呢？一旦完不成、达不到可怎么办？

请您接着做下面的练习，依然像上面一样，心里想着那个目标，同时自问自答：

假如达成了这个目标，我的人生会有哪些不同？会因此而获得哪些好处？我是否因此而有成功快乐的感觉？

假如达不成这个目标，可能会给自己带来哪些损失和危害？

我的现状是怎样的？

在现状和目标之前有哪些可能会出现的阻碍，该如何转化这些阻碍，具体的方法是什么？

我有哪些优势，如何去运用这些优势，以利于达成目标？

为了达成这目标，我必须成为怎样的一个人？在哪些方面必须要改变？我能想到的最好的方法是什么？

如果让我订一个时间计划表，第一步先做些什么？

好了，如果您能顺利地做完以上这些练习，接下来您需要做的就是行动了，同时您也可以在脑海当中去畅想一下当这个目标达成后的未来景象，那时的您会有怎样的奇妙感受呢？

您可以想象自己舒服地坐在电影院里，眼前有一张巨大的银幕。在电影屏幕上正播放着关于您达成目标以后的成功景象，充分体验成功景象所带给您的感受。

然后想象您可以登上画面，和那个成功的自己完全融合，开始去看、去听、去感受周围的一切，看到当时的人、事、物的成功画面，听到赞扬肯定的声音，并充分地去体验自己达成目标后的感受，体验那成功的美好。

当您再次睁开眼睛的时候，或许目标就已经在实现的路上了。

心大一点就有好心"态"

"态"字是"心大一点",所以,心态好,无非是心大了一点。这里有个关键,就是心大的这"一点"。大的这"一点"是什么?相信很多人一时半会儿说不清。

有这样一个故事:

小和尚跟随禅师在山上修行多年,日久便心生苦闷。

禅师看在眼里,却不点破,依然像往常一样,带着小和尚游山玩水、踏青采药。

这时正值四月,漫山遍野春意盎然。

禅师置身于天地间,心中无限惬意,而小和尚在游玩中苦闷略减。

傍晚，天色渐暗，禅师带小和尚回庙宇，四周的一切都被黑暗淹没，此时的寺庙显得孤单。小和尚心中的郁结再次变得浓重。

这时，禅师说："你且去打开庙门，看看外面光景。"

小和尚开门，说："师傅，外面没有一丝光亮，一片黑暗。"

禅师捻须笑道："还看到什么吗？"

小和尚看了看没有星光的天空，叹道："师傅，什么也没有了。"

"不"，禅师说，"外面，一切安在……"

是啊，一切安在！只是心打开了一点，看到的视角不同，心态变了，心情自然不同。

心态这"一点"大在哪里？

这一点，大在转换视角。

有时候人就像井底之蛙，看到的就以为是天下。苦闷的是，我们总把自己看到的当成是亘古不变的真理，头碰破、腿压折也不肯寻找真相。

所以，要转换视角！

试想：如何把梳子卖给和尚。

A 销售员：这不可能，和尚没有头发怎么会要梳子。

B 销售员：可以让和尚开光后卖给或赠给香客，帮助香客梳理三千烦恼丝。

试想：孩子说谎如何引导？

A 妈妈：你这孩子满口跑火车，整天骗人。

B 妈妈：孩子你的想象力很丰富，能否告诉我实情。

所以困住我们自己的是自己，一念之转，天上地下，换换角度，视角自然不同。

这一点，大在放下控制。

有时候我们总幻想自己能改变其他人，而事实是我们连改变自己都很难；有时候我们总想控制其他人，可我们自己往往失控。所以放下的不是对别人的控制，而是对自己。

如何能放下控制？

首先要接受自己，学着倾听自己内心的感受；其次相信这个世界上每个人都是独特的，每个人都有管理好人生的能力，只有自己才能推动自己，也只有自己才能改变自己。

尊重自己才能尊重他人，放过自己也便理解了别人，也便少了对人对己控制失败后的失望，心态自然会变得平和平静。

这一点，大在转念之间。

孩子早恋，我们心焦；孩子窝家里，我们又心急；孩子不听话，我们怕他学坏，孩子太听话，又怕他受欺负。就像故事里讲的：老母亲下雨天为卖鞋的孩子愁，大晴天又为卖伞的孩子愁，到头来只落得愁愁愁！

如何能转念？

在这个世界上，再薄的纸也有正反两面，我们只看这面，为何不能把纸张翻转。

孩子考试考了 99 分，我们非要和孩子探讨一下这 1 分错在哪里，孩子因此得到了批评。我们何不和孩子一起探讨一下他这 99 分对在哪里，利用这 99 分对的状态去避免那错的 1 分。虽然都是纠错，但是后一情形下孩子得到了 99 次的肯定。

那心态好又要从何做起？

宋代诗人苏东坡与佛印禅师同游寺院，东坡见大殿上的观世音菩萨手持佛珠，觉得奇怪，便问道："彼自是观音，自诵其号，未审何谓？"佛印答道："求人不如求己。"

是啊，求人不如求己，要想心态平，别怨路不平，要想心态好，先改变自己。

看得见的灵"魂"

魂者，从云，从鬼，本义灵魂，在古人的想象中是能离开人体而存在的。在古人的眼中，魂是人的精神实体，是人内在的管理者。我们可以假设所有那些无形无相的心理因素都是灵魂的一部分，比如情绪感受、自信力量等等。**进而我们再做一个假设，人的很多心理困扰源自这个看不见摸不着的灵魂，这个内在的驱动者、管理者，而如果我们能将心理、精神、情绪等等这些看不见、摸不着的灵魂形式进行实体化，被我们所看、所知、所感，是不是就可以如实实在在的物体一样被我们管理了呢？**

曾经和一位朋友有过这样一段对话：

"王老师，我最近说不出的烦躁，您能给我催眠化解一下吗？"

"烦躁？能具体说一下是怎样的一种感觉吗？"

"就是感觉胸口这个地方堵得慌。"

"假设你能看到这个堵的感觉就在你胸口的位置上，能形容一下它的大小、形状吗？"

"就像拳头这么大，椭圆形的。"

"表面光滑吗？能感受到它的温度是怎样的吗？"

"表面很粗糙，有点冰冷的感觉。"

"那它的颜色呢？"

"黑色的。"

"它的质地呢？紧密的还是疏松的？"

"疏松的，像是一团黑色的气体。"

谈到这里，您可能也看到了，我们通过引导把本来虚无不可见的一种烦躁感觉给实体化成了一个拳头大小的、黑色的、椭圆形的气体球，至此我们就可以来实实在在地进行管理了。心理学之所以不同于其他的学科，就因为我们所面对的问题都是抽象的，即使现代的科学在某些方面能够进行监测，但也不是所有的咨询室都有能力去配备这些仪器的。也正因此，对于不可见的东西，我们管理起来难免挠头束手，可一旦能够实体化，接下来无非就是根据不同的实体的形式做工作。

再接着上面的对话：

"接下来，请你深深地吸一口气，吸进新鲜的空气，或许你可以想象一下这空气，清新的、充满新鲜能量的空气，随着你的吸气慢慢进入身体里，去替换那不舒服的、让你感觉烦躁的气体球，尤其是进入你的胸口的位置时，慢慢地去扰动、去吹散那烦躁的堵的气体球，当你吐气的时候，同时感觉这不舒服的、烦躁的堵的感觉随着你呼出的气体呼出体外了。"

老张开始做深呼吸，每一次呼气，都能感受到他非常大力地把不舒服的感觉吐出体外，同时可以观察到他的眉心渐渐舒展开来。

如此反复几轮之后。

"现在的感觉呢？再去看一下那黑色的像球一样的堵的感觉，看看它有变化吗？"

"嗯，变小了，颜色好像也变淡了。"

"现在多大呢？"

"像个小玻璃球，感觉舒服多了。"

至此，仅仅是在谈话之间，在对方没有透漏过多隐私的情况下就完成了一次小小的疏导，当然后面还有一些谈话内容，在这里就不列举了。同时我们看到，只要我们能把情绪感受成实体，就可以非常轻松地根据实体后的形状材质进行管理了。

不知您是否看懂了这篇文章的用意。其实当您有情绪感到烦恼时，大可以自己做个灵魂实体，比如把"负面情绪"实体成"文字"，写在纸上，然后把纸捏成团远远地扔出去，就好像把心中的郁结丢出了体外一样。

您如果内心有些纠结，不知该如何选择，也完全可以把"内心的纠结"实体化成"另一个自己"，然后对话，甚至可以辩论，直到看清两者真实的目的，达成和解。

当然如果您去出席一些重要场合，可又觉得内心有点胆怯，您完全可以穿上一件之前让您感觉很自信、很有魅力的衣服，就像是把那"自信和魅力"当成"战衣"，只要一穿上这件战衣，立刻变得充满能量。

如果您研习过心理学，或许会发现，好多的咨询技巧都是在做"实体化"。比如有人惧怕死亡，我们可以让他想象：死亡是什么？当这个人把死亡能够具象化了，他对死亡的恐惧就开始降低了。然后我们就可以利用这个具象化了的"死亡"做一些治疗，比如让他对看起来像大山一样的死亡，做一些心灵对话等。

有一个案例，一位朋友打来电话说，孩子从上初中以来就不喜欢数学，甚至一提到数学就有点烦躁，问我该如何和孩子沟通。

我说您可以让孩子把数学想象成可以对话的人（即把抽象的数学实体化成一个人），然后问问她对"数学"的看法，想到"数学"时的感受是怎样的，如果可以对"数学"说些话，想说些什么。这里还可以引导孩子对着"数学"宣泄表达情绪，进而引导孩子想一想：假如能有机会改善和"数学"的关系，该如何做？

再比如心理咨询中一个常用的技巧叫作"和潜意识对话"，其实就是通过和实体化了的"潜意识"进行沟通，这个潜意识可以实体化成各种具象，有的是"内在小孩"，有的是"智慧老人"，有的是"另一个自己"，等等。

还有把"信念"实体化成"框架"，通过调框破框就可以很好地破解局限性的信念。

总而言之，在咨询的实践中，我越发感受到心理学源自生活，很多古人的智慧和现代心理学技巧有异曲同工之妙。

浅谈"企"业和心理学

企业和心理学，相信有一部分人会觉得这两者没有半毛钱关系。可能您会说，企业嘛，"企"是企图，"业"是事业，顾名思义就是企图事业、追求成功，做企业就得努力把利润最大化，说白了就是得挣钱，不挣钱的企业就不是好企业！

这句话说得有道理，但好像少了点什么。

我们来把"企"这个字拆一下："企"，上"人"下"止"，看到这儿，您是不是看出点什么？

对了，就是**"企业"由"人"起始，也因无人则"止"**。企业的定义说，企业是把人的要素和物的要素结合起来的、自主地从事经济活动的、具有营利性的经济组织。显而易见，企业是人的企业，一个企业，没有了人，就只能"止"步不前了。

另外，"企"＝人＋止，也有这样一层意思，就是让人止步、能停下来的地方。我们可以这样认为，一个好的企业是真正能让人愿意停下来、留下来的地方。

停下来干什么？就是完成事"业"了，当然这里这个"业"代表了一份价值，一份大家能够彼此认同、共同追寻的价值。

所以企业是一个让人停下来，充分发挥个人专长，凝聚共同的愿景，共同创造价值的地方，同时这个地方以人为始，无人则止。因此，有了人，企业才能存在和发展，人是企业发展的核心因素。

通过上面的叙述，希望您能够把企业和心理学联系在一起。

我们说心理学是一门研究人类的心理现象、精神功能和行为的科学，是研究人的心理和个性发展规律的科学。企业的核心是人，两者如果能够很好地结合起来，必能发挥人最大的效能，就是我们所说的提升企业的心理资本。

所谓心理资本，就是人的心理的本钱。试想每个员工都心态阳光、充满信心，都能发挥最大的人的能量，企业的绩效会大幅提升，因人的流失造成的损失会大幅下降。企业的竞争力也会得到进一步增强。

如果一个企业看不懂人心，不了解人性，不尊重人心、人性，就难有大的发展。毕竟企业是人的企业，企业的管理是人的管理。

接下来，我们来举一个简单的例子，看看心理学知识如何应用到企业当中。这里跟大家介绍一个心理学的技巧——思维逻辑层次，也叫作理解六层次。这个技巧是罗伯特·迪尔茨根据人类学家格里高利·贝特森提出的学习与变革的逻辑层次整理出来的。

理解六层次，是指大脑思考的逻辑层次，其包括以下六个层次：

1.环境，是指所有身体以外的人、事、物、时间和地点。

2.行为，是在环境中我们的实际动作过程。简单地说，就是"做什么""有没有做"。

3.能力，在一个情况里所拥有的选择性。就是"怎样做"。它体现了人做事的灵活性。在这里我把情绪也归在其中，因为我认为情绪也属于人能力的范畴。

4.信念、价值，代表了做事的意义。简单地说，就是"为什么做""这样做的意义和价值是什么"。

5.身份，我是谁，我当下是谁，我将如何实现我生命的最终意义，我要有怎样的人生。

6.系统，是我与世界的关系和影响。

我们用"写作"这件事来拆解一下这六个层次具体是指什么。

其中，纸笔是环境，用笔写字是行为；用不同的字体字形笔画顺序形成具体的文字，就是一种能力；由这些文字组成的能表达您的思想的语句，就是信念和价值，您此时是作为一个正在工作或者学习的人，这就是身份了。

思维逻辑层次的应用十分广泛，其中一项就是应用到沟通当中。

如："某员工早上迟到了"。对于这件事情，企业主管可以利用思维逻辑层次的六个不同分层进行思考和回应：

当思考的聚焦点在身份层时，主管的回应是这样的："看看你，怎么又迟到了，我看你就是一个不遵守规定的人。"这里聚焦的是身份，把整个人都否定了。

信念层时的回应是这样的："你是不是故意要和我作对？"

能力层："开车当然挺好，只是现在交通这么拥堵，是不是下次可以选择不同的交通工具，以确保你不会迟到？"肯定到对方的选择，同时让员工看到还可以有其他的选择。

行为层："你看你今天来晚了10分钟。"像录像机一样，只是对其具体的行为进行描述，而不带任何主观的评判。

环境层："咱们这儿太堵了，明天能不能提前一点出门？"把迟到的原因归结于环境。

通过这五种不同的回应方式，您感觉哪几个听起来舒服一些呢？是不是当回应（批评）在下三层（环境、行为、能力）的时候，会感觉舒服一些呢？所以，当我们的大脑在不同的逻辑层次进行思考和聚焦时，我们的关注点就会不同，而根据关注点的不同，我们会组织不同的词汇与人沟通进而产生不同的回应效果。所以当能够有效运用思维逻辑层次时，我们就可以提高沟通技巧。

我们也可以把这个小技巧用到销售当中：

"你们的产品太贵了。"

"是的,我们的产品的确不便宜(描述事实,肯定对方),一般选择咱们产品的都是一些追求高品质生活的人,就像女士您一样(在身份层面进行肯定),可能您有些担忧这个产品它的价位能否给您带来同等的享受是吗?"

"是啊,就怕货不对价,性价比不高。"(客户认同了这个身份定位,同时销售员把其对价格的担心转移到质量上,而这恰恰是产品的优势。)

"是的,您所担心的也正是我们竭力做好的地方,您看我们这个产品……"(顺利从价格的劣势引导到产品质量的优势上。)

通过上面的例子我们看到,当销售员巧妙地运用思维逻辑层次进行思考,并给予回应时,客户的思考聚焦点会随之改变,肯定和表扬对方的身份时,对方很愉快地接受了,并由此产生了奇妙的引导效果。

以上仅是几个简单的小例子,还没法详尽地把这个技术展开给大家。同时我们可以看到心理学的强大作用,它不仅可以让我们洞悉人的心理,还可以技巧性地提升我们的沟通力和影响力。如果一个企业能把心理学知识融合到管理当中,将会产生非常大的影响。

人的内外"化"

古人造字很有意思，两个小"人"，相随而"从"，相对而"比"，相背而"北"，相转而"化"。所以说"化"这个字，就像两个倒立的、一正一反两个人。也有人解释说，正的人代表活人，反的人代表死人。

想来古人是在表达这样一种含义：**化，由生到死，由一种物质变为另一种物质，意为"转化"。而人在成长的旅途中不乏这样的"转化"。**

这里的转化我们简单概括为：内化和外化。

首先我们来看一下内化技巧。

举个例子，一位男士工作压力大，难以放松身心。

我首先请他想象一处可以使自己放松的场景。

他说：每次爬山，来到山间，嗅着大自然的气息，就会感觉非常轻松。

于是，我请他下次再去爬山的时候，选一处最感放松的地方，然后想象自己通过呼吸，可以把天地之灵气，通过深呼吸吸进体内，在吸气的过程中结合意象，比如把这种山间的灵气想象成白色的光粒，缓缓地通过鼻腔吸入身体里，并且进入身体的每一个细胞里，想象每一个细胞随着这白色光粒的进入而变得舒展和放松……

于是通过这样一个简单的内化技巧，这位男士找到了自我放松的方法。对于他来说，之前之所以难以体验到放松的感受，是因为放松这种感受太主观，难以把握。一旦把放松这种看不见、摸不着的感受想象成具有放松功能的白色光粒，再内化到身体里，就变得容易多了，这就好比是水蒸气、水、冰这些之间的转化一样，是从无形到有形的过程。

接下来咱们重点说一下外化技巧。

我们把负面的情绪、感受、问题、困扰、想法等外化成可听、可看、可嗅、可尝的实体物质形式。简而言之，就是把心理问题具体化、形象化，转化成外在的形态。这种方法早已广泛应用到了心理咨询的各流派当中。

比如绘画治疗、沙盘治疗、家庭系统排列等，就是把内心隐藏的情绪、冲突或者重要的关系通过可视的工具呈现出来。

举个例子：某人因为某些琐事心中烦闷。烦闷就看不见摸不着，首先得把这烦闷实体化。

假设通过交流，已经把烦闷实体化成了某物，接下来就需要外化了。

我们可以让他把这种烦闷通过画笔注入文字当中，用文字把所有的烦闷都书写出来；也可以让他把这种烦闷用画笔转化成一幅绘画作品；还可以让他把这种烦闷外化成语言，通过大声喊把烦闷宣泄出来等。这样一来，情绪感受就从一种看不见摸不着的形态转化成了可以看得见摸得着的东西。

而且通过这种方法，我们把人和问题区分开来。心情烦闷的时候，心灵空间外化成房间，而情绪外化为房间内凌乱的物品，通过打扫和整理，就可以很好地改善情绪状态。

微信群、QQ 群其实也是我们心灵空间的外化形式，我们在管理群的时候，也映射出我们内心不同的状态。

其实这种外化的方法，我们一直在生活中应用。比如青春期的孩子，内心有丰富的情绪情感，这时候他们一般会用写诗歌、小说或者做运动的方式进行转化。人与人之间交往，通过礼物来表达情感也是一种外化的形式。

有人说："艺术家与精神病患者只有一线之差。"这种说法虽然难免偏颇，不过也具有一定的合理性。艺术家们本身具有高明的转化能力，可以把内心深处的欲望、情感通过艺术创作的形式外化成艺术作品，从而达到消解情绪、释放欲望的作用。

不少的艺术家要不断外出采风，寻求灵感，这是先"内化"再"外化"的过程。同理，有精神障碍的人假如能够配合适当的艺术治疗的方法，在轻松的环境下，在不用担心被审视、被评判的情况下，给予他们更多表达与探索情感痛苦的能力，通过外化技巧来释放，或许会有缓解的作用。

以上就是有关内化和外化的一点感悟，其中很多理念是在前人的基础上提出的。比如叙事治疗里面的外化技术，就有很详细的操作流程。同时，这些技巧实际都源自生活，我们每个人都是自己最好的咨询师，相信通过自我的归纳总结，人人都可以建立起属于自己的一套成长体系。

先"懂"孩子再懂教

懂，左"心"右"董"，"董"的意思是"待栽培的植物，待移栽的植物"。"心"与"董"联合起来表示"用心去掌握待栽培植物各方面的情况，用心去栽培"。**如果我们想要懂一个人，首先，要用心；其次，还要掌握了解这个人各方面的情况，做到"心中有数"，只有这样才叫"懂"。**

张先生的孩子非常优秀，可就是有个爱转笔的小习惯。

"我家小孩什么都好，可学习的时候那手总是不闲着，老是拿着个笔在那转来转去，我看着都心烦。说过他好几次了，就是改不了，你说这要中考了，这种小动作肯定会分心，影响考试成绩。"

"您孩子的学习成绩怎么样？"

"学习成绩倒是不错，就是这个坏毛病老是改不了。"

"您希望我做些什么呢？"

"您看能不能用催眠给他改改这个坏毛病。"

后来，在征得孩子的同意后，我和张先生的孩子有过几次深入交流，发现孩子平常的时候很安静，只是在学习时有这样一个习惯，而这个小习惯丝毫没有影响到他的学习效果，反而是他配合着获取和加工信息的一种方式，这在之后的学习类型测试中得到了印证。

张先生对孩子的关爱无可置疑，可在引导孩子学习的过程中，少了"懂"的环节，这直接影响到他对孩子的评价。

懂，不容易，我们连自己都很难琢磨透。也许我们能凭一己之见评判他人的优劣，可我们又如何理解对方的内心？因此，常有"知我者谓我心忧，不知我者谓我何求"的感慨，亦有"以我心，换你心，始知相忆深"的深深期盼。

我懂你，才是最长情的告白。虽然我们没法窥破他人的内心，但我们至少可以"用心"去了解和理解。

像张先生的孩子在学习中的表现，我们就可以借用一些科学有效的方法进行引导，以便更好地支持孩子。

在成长过程中，每个人都在不知不觉中表现出不同的偏好，就像有的孩子习惯用视觉来感觉和学习，有的孩子习惯用听觉来感觉和学习，有的孩子习惯用触觉来感觉和学习，由此形成不同的学习类型。

三种不同的学习类型在学习过程中各有专长，具体的表现也多有不同。

视觉型的孩子，擅长看。对于他们来说最有效的学习方式就是"看图像"，比如看黑板、看 PPT、看书、看图表等。**他们的大脑装着一台高清晰度的摄像机，**可以清晰地把看到的影像都记录下来。这样的孩子思维敏捷，对看过的事物记忆深刻，过目不忘。他们是老师眼中的好孩子，因为他们总会一动不动、目不转睛地盯着黑板看，他们的笔记本上会用各种颜色的线条标注重点，以方便一目了然。背诵的时候，他们喜欢默背，看一遍，然后在脑海当中呈现一遍，所以他们的想象力都很丰富。他们不能忍受看起来很乱的学习环境。

听觉型的孩子，擅长听。对于他们来说最有效的学习方式就是"听讲"，比如听录音、听有声读物、听老师的讲解等。**他们的大脑装着一台抗干扰的**

录音机，可以清晰地把听到的声音都记录下来。这样的孩子做事非常有条理，对听过的内容常能逐字逐句复述。他们上课时不会盯着黑板看，侧重老师的讲解，侧耳倾听对他们是很好的接受信息的方法。他们的书本基本上没有什么笔记，背诵课文喜欢大声朗读，反复重复。还有的孩子喜欢边听歌边做作业（不过这里有个前提就是不能听不熟悉的歌曲，因为会分神）。他们不能忍受嘈杂的环境。

触觉型的孩子，擅长动。对于他们来说最有效的学习方法就是"动手去做"，也只有在亲自动手的过程中他们才能学习、理解和接受事物，比如做实验、亲身体验、动手操作等。**他们的大脑装了一台高效率的机器。**可以把亲身体验、实验的学习内容都记录在脑子里。所以这样的孩子行动力很强，各种生物、化学方面的实验都是他们的拿手好戏。他们上课时因为好动的天性，难免有时坐立不安，转个笔、玩个橡皮是常有的事情，读书、背书的时候也常常手舞足蹈。有的男孩，家里的物品常被他们拆得七零八散，不过这些很少影响他们的学习效率。他们不能忍受一动不动。

从上面这三种不同的学习类型可以看出，想要教孩子，提高孩子的学习效率，得先用一些方法去了解孩子，至少懂得孩子的学习类型。所以懂需要我们做很多功课。用心去理解和了解。

"骗"不来的自我价值

"骗"者，欺蒙、诈取，用诺言或诡计使人上当的意思。您可能会说，这和自我价值的建立有啥关系？

正如您所知，"骗"都是先从自我开始的，正所谓"欺人者先自欺"，试想一个整日靠骗自己、骗他人过活的人，自我价值不会很高。

自我价值是通过不断对自我的肯定、接纳甚至发自内心的喜欢逐渐建立起来的。而靠骗过活的人大多内心虚伪，不想付出太多的努力，又多胆小、怯懦，对自我缺乏勇气和信心，只能靠虚无的包装让自己撑下去。

曾有这样一个例子：

有一天，山东临沂苍山县公安局里来了一群不速之客，驾着奥迪、别克轿车闯过门岗，直接停在公安局办公楼前，车上下来五个身着军装，肩扛大校、上校等不同军衔的人，这些人不但手持军官证，还称携有中央密令。

这伙人，气焰嚣张，一进门，就嚷嚷着要找局长谈话，听说局长不在，这伙人中自称上校的人，不断斥责在场的人，并且打电话让所谓的"首长"直接和政委通话。而旁边一个军衔较低的警卫员，则一直神情严肃地维持现场秩序。一时之间，这5人团伙还真有些唬人。不过，最后在民警睿智的目光下，五人终于露出了马脚，原来竟是假扮军官的骗子，等到那位"首长"落网的时候，竟然被吓尿了裤子，如此一来，成了笑柄。

由此可见，"骗"者一旦被人看穿，不但"马"上让人看"扁"，还会"马"上被人海"扁"。所以与其有这闲工夫装样子，不如踏踏实实地从小事做起，一点点积累经验，培养能力，不断肯定自我，超越自我，逐步提升自我价值。

自我价值，顾名思义，就是有关于"我"的那份价值，或者可以理解为，对于成为独特的那个"我"的推动力。

接下来我们就来谈一谈如何才能提升自我价值。

提升自我价值的第一步是接受，接受那个全然的、真实的自己。

接受从对自我的肯定开始。试想：从小到大，有多少人是在不断地自我否定中前行的？

有这样一个来访者对我说，他每天都生活在痛苦和纠结当中，因为每天醒来，他都会对昨天所做的一切感到懊悔，总觉得做得不够好。

记得当时我对他说，如果把人生比作一面白板，而我们每天的经历都是白板上的印记的话，那"每天醒来，都会对昨天所做的一切感到懊悔"，就是在白板上打"×"号，也就是对昨天的决定、选择不满意，打了"×"，这样日复一日、年复一年，等到白板填满的时候，回首人生，留下的满眼都是"×"了。

如果我们每天都全然地接纳自己、肯定自己，相信我们当下的决定一定是最符合此时此刻的、最佳的选择，同时欣然地为自己的人生打上"√"号。那我们的人生是不是看起来会美好些呢？

有的人可能会说，当时的决定就是不尽如人意啊，难道还要让我接受它？

说到这儿，或许我们可以换个角度考虑，当时的"自我"的确不完美，做法也不够完善，同时那时的决定也是决定之一，也是一种方法和人生的备选。这样一来，我们在不断地经验积累中，就有了无数的备选方法。而如果每一次觉得不妥当就丢弃，岂不是等于我们永远只有一个方法，从而走上无法选择的道路？

提升自我价值的第二步是勇敢地说"不"。 在和他人的交往与沟通中，要建立起自我的边界，因为有了边界，别人才知道哪些是他们不可以触碰的，而模糊的边界，也会让他人不知所措。

郭冬临演的一个小品叫作《有事您说话》，讲的就是这样一个不懂得说"不"的好好先生，为了出人头地，装有关系，上赶着为人家买车票，明明自己没这么大能耐，人家找上门，还不懂得拒绝，只好自己扛着棉被，穿着军大衣大半夜去排队，自己喷嚏连天，媳妇埋怨，真可谓苦了自己，误了他人。

所以提升自我价值，就请您该拒绝时勇敢地说"不"，说"不"是对自己的尊重，同时是尊重他人的表现。

提升自我价值的第三步是不断地尝试。 我们能全然地接受自己、肯定自己的时候，就减少了内耗，可以拿出大部分的时间去尝试一些事情了，而尝试的前提是有想去体验的冲动。

这个感觉是一股想要去尝试、去做的动力。我们还是小孩子的时候，世界对我们来说是新奇的，我们充满了好奇，可很多时候，我们被父母的"这不行，那不安全"阻碍了尝试的念头，年长以后变得畏首畏尾。其实父母大可放心让孩子去尝试，哪怕有一点小挫折，也要让孩子尝过了苦头之后，自己去总结经验，我们唯一要做的就是维护好安全的空间。

您如果想提升自我价值，就从尝试开始，在不断的行动中积累人生的经验，而经验的积累就会成为一个人的能力，能力被自己或者被他人肯定，就会变成自信。

自信正是自我价值的基础。一个自己相信自己的能力和决定的人，才会信赖他人，那些不敢轻信旁人的人，是不是对自己不够自信呢？是不是不相信自己的判断是准确的，所以宁可选择不相信？

一个人具备了足够的自信，便能够珍爱自己的感受，在和别人的交往中就能够更多地照顾好自己的内心，而不用再为了迎合他人，失去自我。

有一个学员这样说过，为了孩子，她愿意付出一切。而当我问她"你有没有真正爱过自己"时，她一时语塞，原来她根本没有想过还要对自己好一点，因为她一直认为那样做是自私的。可作为一个连自己都不珍爱自己的人，又哪有足够的能力去爱别人呢？

家庭治疗专家维吉尼亚·萨提亚这样写道：

你爱我之前先爱你自己，

爱我的同时爱着你自己。

你若不爱你自己，

你便无法来爱我，

这是爱的法则。

因为，

你不可能给出，

你没有的东西，

你的爱，

只能经由你而流向我。

············

生命的本质是生生不息地流动，

生命如此，爱如此，

请好好爱自己！

每天都是"起"点

人生的路并非坦途，难免起起伏伏。

有人问我：您在这个行业这么多年，最大的感受是什么？我说：最大的感受是跌宕起伏中，还好一直在坚定地走自己的路。

坚定地走自己的路，这就是我这十几年心理之路的写照。

回顾往昔，最初从单位出来，我租赁了办公室，开始了专业道路。

书写文案、筹划课程、组织亲子游学营，快乐并充实地度过了一年又一年。

而这些年的盈利少得可怜，办公室甚至一年到头都见不到来访的人员，可就在这样的境况下，我收获了一本自己写的心理推理小说，收获了一份信心。在这样一个过程中，也坚定了自己做专业人、干专业事的决心。

有人说："人生起起伏伏、悲悲喜喜的，这才构成完整的人生。"的确如此，人生的轨迹向来都不是直线向前的，难免会曲折分叉。坚持还是放弃？这样的问题，经常困扰着我们！

每遇困境，有的人喜欢和别人交换建议，有的则表现出"我命由我不由天"的果敢态度。我们总还是在主动选择，而这全倚赖我们心中有这样的动力——我要成为自己，走自己的路。

"起"，其实就是"走"自"己"的路，只要坚定地走自己的路，人生每天都是起点，每天都可以启程。

这一切的起始，都是围绕着自己展开的，所以，**走"起"的第一步是先明确自己的定位。**

"我是谁？从哪儿来？上哪儿去？"这问题如魔咒般一直困扰着我们。

下面请您和我一起，来梳理一下此时此刻的自己。不管有怎样的感受，都请在内心里如实作答，首先问一下自己：

我在哪儿？我在做什么？我所做的是我想要的吗？

在这里，我是谁？

别人认为我是谁呢？

我还可能是谁呢？

我应该是怎样的一个人呢？我还可以成为怎样的人呢？

我认为最重要的是什么？我最在乎的是什么？

我在做什么？我能做什么？我还可以做什么呢？

不知此时此刻您的答案是什么？

这个练习可以在不同的情境里进行，它可以让您很好地认识自己，并且清晰地对当下自己的身份角色进行定位。

打个比方，首先您要确定您身在何处，在怎样的一个系统空间里。

如您在自己的家里的时候，就请您思考一下：您在家里的时候是谁呢？是爸爸、妈妈、丈夫、妻子、儿子、女儿？

其他人认为您是谁呢？是否符合您认为的那个身份呢？同时在这样一个家庭系统里，您还可能是谁呢？您应该是怎样的一个人呢？还可以成为怎样的人呢？

同时您也可以了解一下，当身在家庭里时，有没有把在单位的角色带回家呢？

"起"的第二步是永远以自己为标杆。

我们说，**人生是一场马拉松，人会在不同的时期领跑，所以不管是落后还是超前，保持一颗平常心，坚定地走自己的路就是成功。因为在这个世界上，我们唯一的标杆就是我们自己。**

曾有人这样对我说："王老师，我总觉得自己比周围的人过得差，虽然我也很努力，可怎么也无法赶超他们。当我有车的时候，人家就换了豪车，当我有房的时候，人家住进了豪宅，永远都差人家一大截。"说完他重重地叹上一口气。

其实上面这位朋友已经做得很棒了，他每天都在不断地超越自己、刷新自己，只是他比错了对象。因为当他和别人对比的时候，对象也在动态变化。他真正应该对比的是他自己。比如今天的自己和昨天的自己比，哪怕进步一点，也是进步，也是值得肯定的。

"自己"就是自我，是个体对自己存在状态的认知，是个体对自己社会角色进行自我评价的结果。犹太哲学家马丁·布伯说：你必须自己开始。假如你自己不以积极的爱去深入生存，假如你不以自己的方式去为自己揭示生存的意义，那么对你来说，生存依然是没有意义的。

自出生的那一刻起，最根本的生命原力就是成为自己。虽然在成为自己的道路上，我们需要付出太多的努力，既要克服各种打压的阻力，又要挣脱各种爱的牢笼，可我们从来没有放弃走自己的路，因为人生的起点永远是从做自己开始的。

盲人歌手萧煌奇这样唱道：

找出自己的方向，

踏出成功的脚步，

当初坚持的理想，

抱着希望，

走出自己的路。

有句话说得好："我们不需要为了取悦别人而去生活，永远要努力让自己活成自己想要的样子。"

"摄"影：时光的捕手

世界有了光，然后有了影。

身为万物之灵的人类，从未停止对时光的追寻。

公元前 400 年前的中国，墨子已经利用针孔投影成像了。

到了 1839 年，法国画家达盖尔公布了他发明的"达盖尔银版摄影术"，于是世界上诞生了第一台可携式木箱照相机。

"摄影"是件快乐的事。当心情烦闷时，我总会拿起摄影机走进一个个熟悉的街巷，游走在这座城市的一隅。在温暖的时光里，放下所思、所感，开始拍摄。

没有目的，没有索求，只让目光随意游走，只让镜头随心捕捉，用心去记录。或许我无法改变当下的境况，或许我无法改变镜头后的世界，或许我的拍摄过于关注个人足迹的记录，或许我的心只是浮在记忆的表面，或许摄影只是让时光在瞬间留存。

"摄"，"扌"加"聂"；"聂"字繁体作三耳，意为"三只耳朵听""多只耳朵听"。"扌"与"聂"联合起来，表示"耳听手动"。而在摄影中，耳听的是"心声"，因为摄影，是为了定格美好的瞬间，如果稍有跑神，美丽转瞬即逝。

摄影记录的是瞬间。因此，在同一个地方，不同的人，拍出的照片会截然不同；同一个地方，同一个人，不同的心境拍出的照片也往往不同。摄影记录的也不仅仅是时光的瞬间，还有那时那刻人们的思想、心情以及对这个世界的认知和感悟。每当看着以前拍的照片，看着曾经走过的路，曾经沐浴过的时光，那雪后初霁的早晨，辛勤劳作的人们，心里升腾起的不仅是温暖，还有幸福，这恰恰就是摄影的魅力。

我曾收藏了几台老相机，其中有一台特别心爱的相机，是国产相机的经典，全金属机身，快门轻巧，使用非常方便。

每次用这台相机拍摄，我总喜欢选择黑白胶片，因为在黑白的世界里所能依靠的仅仅是黑白灰的影调，在这黑白灰里，人们的所感、所想可以毫无杂质地记录下来。

而我最喜欢的拍摄题材，是这座城市的老街巷。每一条街巷都有其独特的魅力。虽然在这些老街巷中，很多我都没有认真地考究过它们的由来，甚至到现在我都很难说出它们的名字，我虽然用影像记录了这座城市的变迁，却无法更好地展现其历史的积淀。但值得庆幸的是，这些影像还算清晰。

一直以来，我都想问我的朋友们一个问题：人生最痛苦的事究竟是什么？

答案当然是五花八门的。但我总认为：人生最痛苦的事，是心被蒙尘，本在世界里却四处找世界。

一粒沙里藏着一个世界，一滴水里拥有一片海洋。一块砖瓦、一座精美的四合院，心若无尘，便可见整个世界……

所以，不论我们以一种怎样的状态活着，可以拿起摄影机，把我们所关心的人、关心的事记录下来，总有一天，这些可贵的影像资料将成为我们在这个世界上宝贵的财富。

"痛"的管理

痛，每个人都曾有过，这是一种令人不快的感觉，常伴有情绪上的不适。

为了更好地对"痛"进行管理，我们一起来看一下"痛"这个字。

它的外面是个病字旁，病在古文里像一个人躺在床上的样子，在古代称轻病为"疾"，重病为"病"。中医认为，运送气血的经络出现了问题，就会痛，比如被火灼伤、血管堵塞等。而病字旁里面是"甬"，也恰恰蕴含同样的含义，因为看到"甬"，我们可以想到的是甬道、道路。而道路不通，难免会"痛"。所以通和"痛"密切关联，同时这里的通不光是指生理层面的，还有心理层面。比如情绪感受，如果不及时疏通就会逐渐郁积而感到痛苦。

另外"痛"中有心理情绪上的感受这一点，从古人造词就可见一斑，比如

"悲痛、痛恨、痛心疾首、痛彻心扉、切肤之痛"等，所以有人说"痛"是灵魂的声音。

基于这些，我们可以推知："痛"复合着多层面的因素，所谓通则不痛，人需保持心理、生理等层面的通畅才能保证不痛。所以接下来我们就对"痛"做一些心理层面的探索和管理。假如您正在为不明缘由的痛所困扰，在接受正规诊疗的同时，您可以按照下面的步骤来实施。

第一步：从放松开始。

感受深度放松可以减少由痛带来的压力和焦虑感。

您可以找一个舒服的姿势坐下来，做三个深呼吸，也可以选择从头到脚渐进式地放松或其他任何一种可以带来放松的方法，并且随着放松的深入，想象所有的压力、紧张、焦虑（包括不舒服的感觉）正慢慢地向下消退，同时注意身体是多么地放松、舒服……

第二步：痛的初接触。

接下来，是我们和痛的第一次亲密接触，设定一个分值范围评估一下痛的程度，比如0～10分，其中最高10分代表着不能忍受，最低0分代表完全感受不到，用心感受一下自己的痛有几分。除此之外，您还可以对痛带给自己的困扰水平进行评估，其中10分代表最折磨人，0分代表没有困扰。用心感受一下自己的困扰有几分？

第三步：有关痛的探索。

评估好分值之后，需要去探索一下心中有关痛的主题。可以选择自己边读边作答或者请一位朋友帮您来念下面的文字，并在心里找到这些问题的答案。

第一个问题：问问自己痛的位置具体在身体的哪个部位，并清晰地描述一下痛的具体范围有多大。详细地描述一下具体是怎样的一种痛呢？是灼痛、刺痛还是其他？可以用语言描述出来。

第二个问题：问问自己假如可以用一种可视的形状来代表这个痛，它是什么样子？有多大、什么颜色、什么质地、表面光滑的程度、温度等（这里将痛转化成"可视的"，可以把这种感觉从模糊的、不可控制的范畴中澄清出来，您的描述亦可以成为接下来催眠暗示的素材）。

第三个问题：问问自己这个痛是什么时候来找自己的？来了多久了？它来

的时候自己身处什么地方，是否和某些人有关？并详细地探索一下它在一天中什么时间段会更痛一些，在什么时间段会好一些？详细地探索一下身处什么地方它会更痛一些，在什么地方会好一些？详细地探索一下这个痛和什么人在一起会更痛一些，和什么人在一起又会好一些？

第四个问题：问问自己在以前痛的经历中采取了哪些管理措施，有无效果，有效是因为什么，无效是因为什么？假如还有一些新的方式和方法，会是什么？

第五个问题：假如这个痛是有意义的，它背后的意义是什么？这个意义对自己有哪些好处？除了用痛来获取这个好处，还有没有其他方法？

第四步：尝试对话。

宣泄表达。您可以把痛想象成一个可以对话的人，您最想对他说些什么呢？假如您有一些情绪，您可以把对痛的感受和情绪表达给他听。

觉察成长。在宣泄表达完情绪感受之后，假如您有一些方法来改变和它的关系，您觉得可以做些什么？又会有怎样的一种觉察？假如您站在旁观者的角度看待自己和痛，您会分别对它们说些什么来改善它们的关系呢？

第五步：关注痛的部位并治愈它。

这一步本身有很多种方法。您可以将前面取得的对痛的描述作为暗示的素材，比如前面获得的痛是一种灼烧的痛，那您可以想象这个部位变得越来越清凉。这里主要给您介绍一种光照的疗愈方法：

请您想象或者去感觉从天空上照射下来一道柔和且充满能量的光芒，这道光芒是您喜欢的颜色（或者是代表优势资源的图像颜色），这道您喜欢的颜色且充满能量的光芒，将会进入您痛的位置，会帮你清除这个位置所有的杂质和不舒服，您会感觉这个位置越来越干净、越来越健康，并且全身充满能量……

您现在马上感觉到全身变得很舒服，很健康，血液循环是那么顺畅，内分泌是那样平衡，免役系统是那么强大。全身的感觉是那么美好、那样健康，完完全全健康了……

第六步：积极想象，将注意力从痛转移开。

这一步您可以把集中在痛的位置上的注意力转移开，可以去想象一个让您感觉轻松愉快的场景，或者是一个您最具有幸福感觉的状态，或者是任何您所具有的优良状态等，这也是将注意焦点由内转向外，或由触觉通道转向其他通道的过程。

从上面的步骤中，您可以每做一步都评估一下痛的分值，困扰程度的分值，以及痛与困扰程度的对比阈限值等，看看有没有变化，同时可以关注一下分值变化最大的步骤，因为这一步有可能是痛背后的关键点。您也可以在完整地完成了上面六步的时候，再进行评分，那么现在，您的分值是多少呢？

用幸福"教"孩子

在一次课间和一位刘姓妈妈聊天，谈到了孩子如何教的问题。

"我的孩子上高中了，正面临高考，平时学业压力非常大。可是最近我发现他暗恋班里的一个女生，我该怎么办？"

"不知您是怎么发现的？至少说明您是具有慧眼的母亲，非常关注孩子的成长。"

"其实是我在偷看他的日记时发现的。"

"您除了妈妈的角色，还兼职干起了私家侦探啊。"

"我知道这样不对，可平常他一回家就自己躲到屋里，最近老感觉他的情绪不大对，可能是当妈的直觉吧。"

"您的直觉还挺准，那后来呢？"

"后来他就问我为什么翻看他的日记，我们为这事就吵起来了，现在还和我冷战呢。"

"您孩子的反侦察能力也很强，只是你们两人没在同一条战线上，反而成了敌我双方了。"

"我没别的要求，就是想他能专心学习，另外这个时候恋爱，也怕他出问题，您看我该怎么教他？"

"可能您不让他恋爱才会出问题，同时您知道'教'的含义吗？"

"'教'不就是拿着鞭子教育小孩吗？当然咱们现代的父母可不能靠打骂孩子教育他们了。"

从上面的谈话中，这位妈妈对教孩子是有一定的了解的。诚然，在"教"这个字最初的雏形中，是有一个人手持教鞭在教育小孩的意思。

那在这个字里面还有没有其他的意思呢？

《说文解字》里说：教，上所施，下所效也，意思是说教字的本义就是上面施教、下面效仿的意思。由此可见，要想教得好，首先要自身做得好。有句话说，言传身教，言是传，身是教。

如何教？

教，从放下手机开始。

不知从何时开始，手机成了我们生活的必需品。如果你问一个人：这一天中他最不能少的物品是什么？或许这个人给你的答案就是手机。

试想，你有没有和亲朋好友聚会时还忙着刷手机的时刻？有没有孩子想和你一起做游戏，而你低头看着手机回答"正忙着呢，等一会儿！"的经历？

如果有，请从自身做起。因为孩子只是在学习模仿得更像我们，并以此来表达对爸爸妈妈的忠诚。所以如果你希望孩子能重新拿起书本，请先拿起书本，如果你希望孩子放下平板或手机，请先放下平板或手机。

教，学会正确面对挫折。

挫折和失败是人生成功的基石，向孩子展示我们如何应对挫折和失败，比任何的说教都更有力量。可是很多的成人在挫折和失败面前，除了借酒浇愁、怨天尤人，就是肆意地宣泄情绪，我们又如何教会孩子呢？

有一位女士向我哭诉，说她孩子出现了问题，到了婚恋的年龄却不思和异性交往。细问之下，原来她和自己的丈夫关系早就破裂了，用她的话说，要不是为了孩子早就离婚了，接下来就是对丈夫的埋怨和数落。看到这儿，不知你是否和我一样找到了问题的根由。这位女士自己有一个失败的婚姻，她没有积极应对，反而整日生活得像祥林嫂一样，连她儿子也成了她倾诉的对象。所以对这位女士来说，最佳的方法就是把关注点从孩子的身上收回来，先放在自己的丈夫身上。

教，建立和谐关系。

有人说，人就是关系的人。这句话说得有道理，作为高等的群居动物，作为社会的人，人离不开和自己的关系，离不开和他人的和谐关系。

而人和人和谐关系的建立，来自我们的成长经验。在成长中我们通过和身边其他人的互动，逐渐摸索出一套适合自己的沟通表达方式。其中最重要的人就来自我们的爸爸和妈妈。

有位家长问我，她家的孩子刚上幼儿园中班，不喜欢与人接触，该怎么办？我给她的回答中有这样一句话："作为妈妈，也要用自己与人交往时积极阳光的状态来潜移默化地影响孩子。"

我现在依然这样认为，作为爸爸或妈妈，如果希望自己的孩子能够和他人建立良好的和谐关系，首先要看一看自己和孩子的互动方式是怎样的，有没有需要纠正的地方。同时我们在和他人沟通时，是否能够展现我们的良好状态。

教，懂得爱、学会爱。

教孩子学会爱，首先要学会爱自己。一个不懂得爱自己的家长很难教会孩子爱的真谛。有这样一个故事。一位单亲妈妈，因为不想让自己的孩子被人耻笑没有爸爸，毅然地抱起孩子用极端的方式离开了人世，临终还留下一封信，信里满是对孩子所谓的爱和愧疚。

我看到这个故事的第一感觉是这位妈妈对自己、对孩子没有一点爱。因为一个不爱自己的人，才不会珍惜自己的生命，而连自己的生命都不珍惜，就更不会珍惜他人的生命了。

还有恋爱中为了爱而自残的人，这种人一定要离得远远的，因为他连自己都伤害，以后极有可能伤害你。

所以要教会孩子爱的能力，先从爱自己开始，当你可以为自己的人生负责了，孩子从你的身上会学会担当，当您开始带着爱去和周围的人互动，孩子会被这份爱感染，从而开始充满爱的人生。

教，活出自己的幸福。

人生的路不总是平坦的，总会有挫折和坎坷，我们要通过身体力行，教孩子乐观面对。所以如果你希望自己的孩子诚实善良，就请你展现你的诚实和善良；如果你希望自己的孩子有幸福的人生，就请先活出个幸福的样子！

其实，你不需说，孩子已感受到。

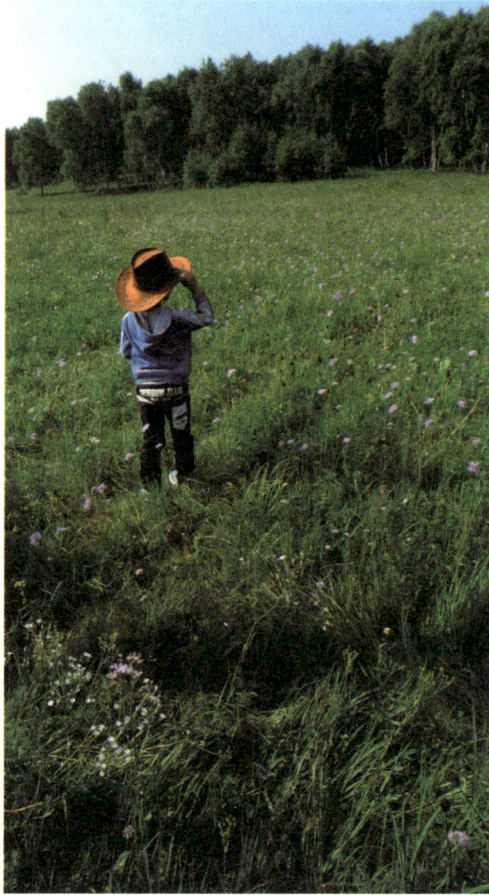

以"白"为美那些事

现在的手机都有一个美白功能，一些俊男靓女发朋友圈都喜欢美白一下。

人为啥喜欢美白呢？

前段时间和一位小友聊有关电影的话题，无意间说起了以"白"为美这个事。

他认为，以"白"为美是西方文化的一种观点，西方人的优越感通过电影等潜移默化地传递给我们，在我们心中种下了以白为美的种子。

当时听闻此言感觉有些道理，又感觉好像少了点什么。

后来发现：以白为美，在古代的中国就已盛行。

"白"这个字不用多讲，有关白的词汇大家都不陌生：诸如"白面书生""肌肤胜雪""一白遮百丑"等。

当然还有这样的诗句："手如柔荑，肤如凝脂，领如蝤蛴，齿如瓠犀。螓首蛾眉，巧笑倩兮，美目盼兮。"（《诗经·卫风·硕人》）"藐姑射之山，有神人居焉，肌肤若冰雪，绰约若处子。"（《庄子·逍遥游》）

还有这样的描写："何平叔美姿仪，面至白。魏明帝疑其傅粉，正夏月，与热汤饼。既啖，大汗出，以朱衣自拭，色转皎然。"（《世说新语·容止》）

可见中国人自古就有以"白"为美的观念，只是这一部分以"白"为美的人，他们内心的动力到底是什么呢？

浮于表层的含义大致有以下几点：

首先，劳作难免风吹日晒，而皮肤的"白"最能直观地看出这个人的生活状态。

这在封建社会尤其凸显，那时的中国形成的自然经济是以土地为基础，国家是典型的农业大国。那时的农民在农田耕作，每天头顶烈日、辛苦劳作，皮肤难得白皙；作为富有阶层的地主则正好相反。于是封建社会对以白为美，白成了一种阶级地位的象征。

其次，"白"的皮肤可以让你在人群中脱颖而出。

试想在一群皮肤黝黑的人群中，如果你皮肤亮白，别人的关注点自然就落到你的身上。

最后，我们的审美偏好会反映出道德标准的偏好。

社会学家沙扬·鲍曼曾对两性择偶时的肤色要求做过研究："白皙皮肤让人联想到天真、单纯、端庄、贞洁和善良"等。对白色的衣服、白色的家居用品等的追捧，这无疑也是一种崇尚白的外化形式。

如果放到现在，估计还要添加以下两点：

第一点，各种广告使然。

电视网络每天播放频率较高的就是各种美白产品，即使你无意接收这些信息，可长时间的强化便成了根深蒂固的观念。

第二点，来自周围人的潜移默化的影响。

从小我们的爸爸妈妈就对我们说："别整天到处疯跑，你看你都快晒成小黑人了。""你看人家长得多白净啊，你看那小脸粉嘟嘟的，真可爱，你再看你。"

我觉得以"白"为美还有更深层的意思：

以"白"为美，这里的"白"并不单单指的面容，而是一种细腻、白嫩的状态，更是一种纯净、善良的品德，而以白为美只不过是品德外化的象征之一。

这或许和古人崇玉之风有关。就像玉中极品的羊脂玉，自古就是众人追捧的珍品。因为它象征着"仁、义、智、勇、洁"的君子品德，且具有"美好、高贵、吉祥、温柔、安谧"的高尚情感。

所以，以"白"为美可以在某个层面上体现古人对美好事物的欣赏，同时借外化的形态来表达对良好品德的崇尚。

明白了这一点，或许我们对美白就不会太过于执着，因为美白只是品德外化的象征之一，我们真正需要的是内在的美和"白"。这样对白这种纯净无瑕的欣赏就不只是浮于表面，而是能更深切地理解内涵了。

"赢"得人生

每个人都想"赢"，也都期盼着这一生能够风调雨顺、丰盈圆满，期盼赢得自己的人生。

如果我们把"赢"拆解开来，会发现它上面由"亡＋口"组成，下面由"月＋贝＋凡"组成，这上下部分恰恰就是赢得自己人生必备的两种智慧和三种特质。

第一种智慧：死亡的智慧。

亡，死亡的意思，要"赢"先"亡"。

难不成是赢过的人都死过，或者是涅槃重生？

其实死亡，是人生终极的目标，在死亡的面前一切都是那么渺小。死亡就像是留给人生的最后一道难题，当我们解开它的时候，也就到了交卷的时刻。

曾有人问一位负责临终关怀的护士："在您送走的这些人中，什么样的人比较平静，是不是教育程度高、成功的人士看得更淡然一些，毕竟他们经历得多？"这位护士说："在死亡面前，没有人能保持以往的平静，哪怕他再经历过大风大浪，而真正能够平静应对死亡的人，又怎会在乎那点风雨？"

有人说："生命和死亡是我们人生的两个翅膀，你只有都思索了，才能飞翔。"所以"赢"从"亡"开始。"亡"让我们有机会去思考一下"赢"的意义，这份意义让我们能从宏观的角度去看人生。

试想因为某些原因，我们的生命只剩下最后一天，在即将走到人生尽头的时候，我们只有24小时去为自己的人生赢得什么？您最想赢的是什么呢？

如果您赢了，您是否会感到满足呢？

而如果没有获得您想要的，您最大的遗憾是什么呢？

通过上面的几句问话，不知您会有怎样的答案和感受？

要想赢得人生，就要有面对死亡的智慧。

这智慧是让我们不为一时一地的纠缠和纠结困扰，让我们不以一时的成败论英雄。所以"赢"从"亡"开始，让我们能站得远一些，从更大的视角，甚至是走到人生尽头去看待整个人生的价值。

或许在死亡面前，某一时刻的输赢不再重要。而一旦您能平淡应对每一次输赢，就能破除当下的阻碍，而追寻到这一世真正的目标。

第二种智慧：看破的智慧。

"口"，很像是个框架，似乎起着保护的作用，而又因为密不透风的禁锢，让我们生出很多烦恼。

男男女女、老老少少，各有各的烦恼。佛祖早年的时候，也是烦恼缠身。16岁他驾车出游，路上眼见人的生老病死，心中苦闷，却无法看清这人生的真相。后在29岁舍弃王族生活，出家修道，走上觉知之路。可这路途也绝非坦途，他虽然先在城郊学习禅定，后又在树林中苦修，可始终如雾里看花，看不清楚这人生的真谛。在经历了一番苦心志、劳筋骨、饿体肤的折腾之后，他首先搞明白了一件事，就是求人不如求己。于是不再和自己的身体较劲，跑去菩提树下苦思冥想，终于觉悟了。

而"口"在"亡"之下，就好像是在提示着我们要看破，并且超越现在的人生框架。

什么是看破？人生真相看明白了、看清楚了，就叫作看破。看破就是放下心上的执着，就是相信一切都是最好的安排，一切都是为最美好而准备的。随缘不攀缘，才会赢得时不贪，失去时不留恋。

"赢"字的下半部则是赢得人生的人共同具有的三种特质：

第一种特质：是健康的身体。

"月"，古同肉，这里指健康的身体。赢得人生的人首先要有健康的身体、强健的体魄，身体健康是生命的基础。如果把人生比作一场马拉松，那最终赢的人，就是坚持到最后的人。路遥知马力，真要赢，还要靠长久的耐力加上强健的身体，并随着不断地成长与进步，最终跑赢人生。

第二种特质：是丰盈的财富。

"贝"，贝壳，是古代的一种货币，代表着财富。赢得人生的人不见得大富大贵，但每个人都过得丰盈富足。在财富面前，他们绝对有希望、有资格、有能力去获取，同时他们不痴迷于获取财富，因为他们知道，财富只是我们实现人生价值的工具，而背后有我们更值得去追寻的目标。

第三种特质：是平凡而不平庸的人生。

赢得人生的人不一定有多辉煌的经历，但至少都有着一段平凡而不平庸的人生。

曾经有人对美国总统杜鲁门的母亲说："您有一位伟大的总统儿子，真为您感到骄傲。"杜鲁门的母亲回答说："我为我总统儿子感到骄傲，同时，我还有一个儿子，也同样使我感到自豪，他现在正在田地里种植土豆。"的确，人生只要不平庸，平凡和伟大同样可以赢得人生。

少负"责"的爸妈

车女士事业成功，用她的话说："我成就了男人能成就的事业。"可就是这样一位成功女性，却因为孩子的教育问题苦恼不已。

车女士："我那孩子工作好几年了，可生活自理能力很差，一个女孩子的房间脏衣服、脏袜子扔得到处都是，到后来连个下脚的地方都没有，我整天跟在她屁股后面打扫，真愁死人了。"

我开玩笑地问她："这次来就是想解决这个难题？希望我帮你找个保姆？"

"不止这些，平常休班我这孩子就躲在自己屋里上网，一关门就是一整天，除了吃饭，怎么叫也不出来。"

"那您希望我做些什么呢？"

"就想让您劝劝她。都这么大了，还让我替她操心，再这样下去我就快急死了。"

从上面这位女士的诉说中，我能感受这是一位对孩子极其"负责"的妈妈。

可"责"是什么？

"责"字上"丰"，下"贝"。"丰"是植物节节长高的意思，而"贝"指的是"钱币"。那"责"字的"丰"与"贝"联起来就表示：钱币节节增长。那是否可以这样理解，作为家长所负的"责"，就是陪伴孩子，让孩子在自己人生的各个方面都节节增长。

对上面这位妈妈来说，她为女儿所做的一切都是她认为的"责"了，但对已经年满二十岁的女儿来说，这位妈妈的所作所为又好像让孩子对自己的成长太不负责了。

很多独生子女家庭，自孩子一出生，就被奉为家人的掌上宝。爷爷、奶奶、爸爸、妈妈、姥姥、姥爷全都围着这个孩子转，恨不得把所有的爱全给他。孩子也把自己当作了整个家庭的中心，理所当然地做起了小皇帝。

小皇帝的角色定位，让孩子不再关注基本的生活技能，自己的人生完全交由父母、长辈来负责。诸如想穿衣了就说"你给我穿"，想要东西了就说"你给我买"，要洗衣服了就说"你给我洗"，需要钱了就说"你给我花"，要就业了就说"你帮我找"。久而久之，孩子越来越难以负起自己人生的责任，等到该为自己负"责"的年龄了，却发现根本不具备负起"责"的能力，甚至连自己人生"分内的事"都无法完成，而家长想撒手也撒不了，只能每天咽自己种下的苦果。

所以作为父母，我们必须明晰自己该负的"责"是什么。

首先我们可以陪伴孩子成长，可以教孩子基本的生存生活技能，可以培养孩子学习的能力，可我们不能替代成长。虽然表面上我们帮孩子规避了风险，排除了千难万险，可我们也让孩子逐渐失去了经历风雨的能力，失去了独立应对的能力。

在某种意义上，孩子只是通过父母来到这个世界，相信他们可以通过自己的努力收获独特的人生，我们少负"责"就是对孩子最大的爱。

爱孩子绝不是全盘接手地负"责"，也绝非大包大揽，更非以爱为名加以控制。爱其实需要更多的智慧，爱需要做自己"分内的事"，同时让孩子也有能力做自己"分内的事"，让自己的各种生存技能节节增长。

那么如何教会孩子负起人生的"责"呢？

这就需要家长从逐步放手开始。"放手"不是撒手不管，而是需要爸爸、妈妈们更加智慧地结合孩子各个年龄段的身心特点，逐步有序地让孩子对自己负责。比如，孩子把脏衣服、脏袜子堆放在自己的房间不肯收拾，父母要先管理好自己的情绪，把自己唠叨的欲望压制一下。"狠下心"让孩子在自己营造的脏乱差的房间里生活，到了臭不能容、脏不能耐甚至都无从下脚的时候，孩子就必须做自己分内的事。

又比如孩子晚上不睡、早上不起，上学迟到。很多家长会心焦气短，不自觉地就负担起督睡叫醒的责任，其实爸爸妈妈完全可以让孩子为自己的起居迟到负责，因为他起不来就只好自己想办法去上学，自己向老师去解释，自己脸上没面子。虽然看起来孩子会一时受挫，但他锻炼了应对困难、面对难堪的能力，在这个过程中会逐步培养自己独立自主的能力。

在很多事情上，家长要学会做一个少负"责"的父母。你越少负责，孩子就会越多地负起自己的责。

在孩子小的时候，父母会更多地负起教养的责任，随着孩子年龄增长，家长就开始一点一点地撒手，并让孩子慢慢地学会为自己负责。也正是在这个过程中，孩子逐渐掌握了他之前所不具备的能力，开始走向独立。

对父母而言，培养孩子的独立人格才是真正的负责。

同时，少负责还要少关注。

有位妈妈说："我倒是想放手，可总不能看着他有问题不纠正吧？"

我问她："都有哪些问题？"

这位妈妈说："问题太多了，吃饭不洗手、趴着写作业，难道我就放任自流？"

"看得出您是一位很关注孩子的妈妈，满眼也尽是孩子的身影，任何教育孩子的机会，您都不会错过了？"

"我恨不能二十四小时地看着他，稍微不留神，这孩子就不知道做出什么让父母不省心的事情来。"

"那您更得让自己活得轻松健康些，因为稍微不留神，孩子就可能失去您的关注。"

"我明白没法看他一辈子，可我总是放不下心。"

"您是不放心自己，还是不放心孩子呢？"

"当然是不放心孩子，不过好像我也很担心自己没办法教育好孩子。"

"如果没教育好孩子会怎么样？"

"我会觉得自己很失败。"

"所以您是为自己还是为孩子更多一些呢？"

"哦，经您这么一问，我感觉更多还是为了满足自己的内心需求。"

"那您准备做些什么，来满足孩子的成长需求呢？"

"或许我该少关注他的不足，多关注积极的一面，另外，也应该多给他成长的空间，让他自己成长。"

"是的，孩子不能总是活在父母关注的范围内，否则他就很难自立。少一些关注是为了让爸爸、妈妈能专心做自己的事。就像我们常说的：'给孩子问题，让他自己找答案。给孩子困难，让他自己去解决。给孩子权利，让他自己去选择。'"

其实，我还有一句话想对这位妈妈说："让您**少负责**，其实您需要付出的**可能会更多，需要负起的'责'也更大。**"

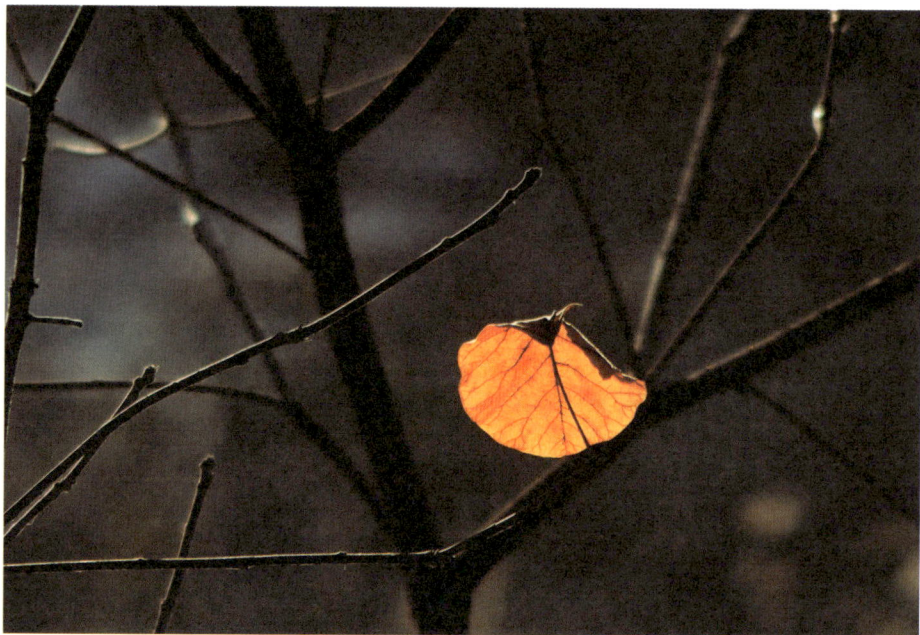

换角度谈"孤"独

有来访者说："老师，为什么我总感觉很孤独，在外人眼里我也很阳光，有很多好朋友，可内心总有莫名的孤独感。"

咱们暂且放下心理分析，换个角度看一下孤独到底是什么。

"孤"，"子"＋"瓜"＝孤。意思是，还未成熟的瓜。也表示像没有根的瓜（即"滚瓜"）般的孩子。由此可见，或许"还未成熟"就会感到孤独。

记得年轻时曾写过这样一篇文章，当中说：

曾羡慕那毅然决然打起背包、漂泊于世的人，像余纯顺、何塞·塞拉，像许许多多孤独的勇士。而在他们眼里，孤独不是贬义，它是一种境界，是卓尔不群，是在荒凉的沙漠中驰骋，不为世俗羁绊的畅意，是独立高原，在蓝天白云的簇拥下，与牦牛相亲、飞鸟为伍的欢欣。

夏的午后，在书摊上偶然发现这样一本书，书名透着几分新奇，叫作《呼吸明天》。

呼吸明天？何谓呼吸？带着难释的疑惑，我翻开了这本早已破旧的书。书的作者是位城市的叛逆者，他有着一段近乎乞丐和流浪汉式的离奇生活，这主要源于他对城市的"躁动心情悄然远离而去"。

当他觉察自己'心境卑下，有些匆忙'的时候，他便默默地收拾起行囊，选择了一条漂泊之路，由此开始了在常人看来异常艰苦的跋涉。

全书共分为十九章节，其中每一章都是独立成篇的小说，而每一章开头都有一篇简短的度语。

所谓度语，用作者的话说就是一些"如序和跋的文字，是侧重打点出的一条由此至彼的小道"。"呼吸"，意即呼唤，是对明天朴实、安宁生活的追寻。书中讲述了一个个动人心魄的历险故事，在故事的背后，蕴涵着作者对社会、对生活深深地思考。

作者在诗集《远去的天》中写道："你孤独地漫步孤独，我孤独地流浪孤独，想草原上那路的尽头，你和我都拥有一个属于自己，属于自己那架白骨的孤独故事。"

或许我还没能真正体味作者在书中想表达的深刻内涵，但其中蕴涵着的孤独傲世的情感却让我久久难忘。

这是一篇十几年前写的读书笔记，现在读来，字里行间恰好有着未成熟的青涩。

不过细细想来，孤独了，却是好事。

孤独是人心路历程的必经之路。正因为孤独，人才会有"高山流水，觅知音"的渴望；正因为孤独，才会有"不患人之不己知，患不知人也"的愿望；也正因为孤独，人才有了"望有人懂我"的期待。在这个过程中，我们开始愈发关注自己的内心世界，并且试着打开心扉。一边渴望别人能真正了解自己，一边渴望了解他人。

因为孤独可以转为我们人际交往的动力源。孤独的人看起来很酷，同时在这酷劲十足的外表下大多有一颗炽热的心。就像古代的帝王，虽然面上称孤道寡，可内心难免孤独寂寞，所以一旦找到能谈心的知己，便倾注信任。所以这份孤独其实是一份与人交往的动力，这份动力让我们能不断地学习并掌握与人沟通的技巧。

这孤独是成为独一无二的自己的助力。 人生而不同，每个人都是独特的"我"的存在，这份独特注定了我们的旅伴不多，甚至某一段路很久也遇不到一个同行者。不过孤独也是极佳的生存状态，它让我们能够静心学习、思考、钻研。有人说："所有伟人都不免孤独——虽然人们对于这种命运时常扼腕，但是两害取其轻，他们还是宁愿选择孤独。"

所以孤独，只不过是生命的一段旅程。

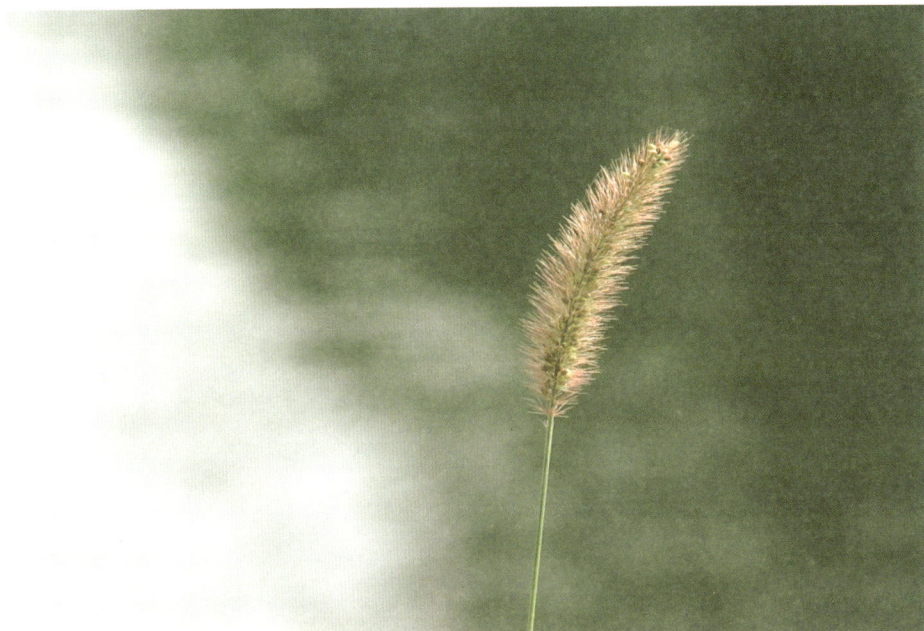

拆解"压"力

前段时间，有人通过朋友的朋友的朋友邀我上课，说是近千人的大场。

"王老师，咱们不愁招不到人，我们都是专业做销售的，只要您来讲，三天我就能给您发动来千儿八百人。"

"绝对相信您的能力，只是需要我讲些什么？"

"就讲有效沟通什么的，或者您找个话题，咱们面对的都是中小企业主，怎么能吸引他们就讲什么。"

"咱们的目标是什么，比如您希望我来讲一个主题，达成什么效果呢？"

"我们的目标就是发展会员。"

"这个我可没经验啊！"

"您放心，我们有经验，您就只管讲您的，其他的交给我们。"

"我希望能先了解一下机构的情况，然后量身设计一下讲座内容。"

"不用这么麻烦，您只要排出时间，只管按照您的思路来讲，其他的就别管了。"

听完这话，我满头冒汗，顿感压力。暂且不说这负责人寄予的厚望，主要是我连他们推销什么都不知道，就一个劲儿让我先答应下来，真感觉压力大！不过还好，我婉拒了这次邀请之后，压力顿消。

那啥是压力？该如何纾解？

压力，从其根源来讲，来自工作、生活、个人的性格，包括家庭压力、环境压力、职业压力、心理道德压力、个人特质压力等。

有心理学家认为，以上这些压力源大致可以分为内在或外在两种，而能否引发"压力"这种体验，主要取决于两次评估：第一次是初步的评估，评定这个刺激的严重性。如果认定是"有压力的，重要的"，就会产生"压力"。这时会开展第二次评估，主要是评估自己应对的资源和阻碍。

由此，我们可以看出，事件能否成为压力，在于我们对压力的认知。

有一次和几个人一起玩一个游戏，我请在座的人看着黑板上写的"压力"这个词，然后把注意力放在"压"这个字上，闭上眼睛，看脑海当中冒出来的第一个词是什么。

当时有的人冒出来的第一个词是"沉重"。问起原因，说："因为一闭上眼睛就感觉身体非常沉，非常重，就像被重物压着一样，有点喘不过气来。"另一个人想到的词是"逃开"："因为压力嘛，有很多都不是自己想要的，所以不想承受，也承受不来，所以只好快快逃开了。"还有一位想到的词是"抗衡"："因为逃也有逃不掉的时候，就得'兵来将挡，水来土掩'，所以勇敢地抗衡是最好的方法。"由此可见，压力是一种体验，而以上几位在压力面前都有各自不同的内心体验，也有适合自己的应对方法。

接下来咱们就拆一下"压"这个字。

"压"的繁体字是"壓"，上半部是"厌"的繁体字。据文献记载，"厌"常和"压"通假。

当初看电视剧《武媚娘传奇》，里面有这样一个情节：王皇后和萧淑妃传明崇俨，让他在宫中针对武媚娘施行厌胜之术。当时看到字幕"厌胜之术"的时候，还以为打错字了，进一步了解得知这种古代叫"厌胜"的巫术，是用诅咒的方法，压住对自己有威胁的人或物。

看到这儿，再联想一下压力，是不是也会有人用压制的方法对待呢？

所以咱们聊的第一点，**纾解压力的方法就是别压制压力。**

压制的过程就是内耗的过程。人本来有 100 分的力量，可压力来时，为了压制这种感受，要拿出 20 分去压制，这样一来一个人能够利用的也就只有 80 分了。所以有压力，千万别压制，要学会用合适的方法进行缓解。

压也有厌的意思，就是自己不喜欢、对自己有威胁的事就会觉得有压力，所以**压力可以出现这样一层含义，就是"需要加以适应的变化"。**

你会发现对于自己习惯了的、熟悉的事情是感到舒服的。就好比一个人习惯了在家当宅男，突然有一天有人邀请他外出游玩，可能他第一感觉就是不想去。如果你硬拉着他外出，或者天天给他打电话，或许他就会感受到压力。这倒不是说外界新鲜的事物对他没有吸引力，而是因为有一个"已知快乐，未知痛苦"法则在作怪。

已知的就是习惯的、自动化的，这个对于人来说意义可大着呢。

我们可以不用每件事重新学习一遍，而只需要自动反应就行了，这样我们可以省时、省力地生活、工作、学习。

这种模式化的反应会带来很多弊端，比如一个人习惯了得不到东西就发火，这在小的时候很有效，可是有一天他长大到了社会上，他一发火，人家不乐意了，不吃这套。这样一来这个人以前的已知的模式就不灵了。

那怎么办呢？有一部分人可能会逃回以前的模式中，下次还会找不同的人去尝试，因为这个已知的模式对他来说太熟悉了，以前带来太多的"快乐"了。当然还会有人开始尝试着去改变，这个改变的过程就是开始去探索未知的领域了，刚开始的时候可能小心翼翼的，或许还会碰到阻碍，甚至体验到比以前更不舒服的感觉。可有一天这"未知"也变成"已知"了，新的习惯模式养成了，就又是快乐的了。这就像有句话说的："你逃开的，正是你追寻的。"逃，就是回到老的模式中，而探索新的模式，其实就是变"未知"为"已知"的过程。

第二个纾解压力的方法就是：看到变化，变"未知"为"已知"。

压力是需要加以适应的变化。变化太快，人如何变？

第一步，理清现状，也就是要了解现在自己所处的位置，是什么水平。

第二步，明确目标，明确自己之所以感觉压力，到底现状和目标之间有多大的差距和变化。

第三步，理清从现状到目标，最大的阻碍是什么？如何转化？

第四步，理清从现状到目标，能利用的资源是什么？如何利用？

第五步，根据上面所分析出来的，不断地利用资源、转化阻碍、尝试修正，最终适应变化、达成目标。

另外，压力管理的方法可分为预设式和反应式两种。

反应式是在压力事件发生之后，用于缓解或消除压力产生的反应。而预设式是在事件发生之前的未雨绸缪。

预设式和反应式相辅相成，可以交替使用，一方面通过预设式能提高人的整体身心健康水平，另一方面学习有效的反应式方法能及时用健康的方式管理压力。下面讲解的五步缓解压力的方法就属于反应式管理压力的方法。

这个方法基于一些简便易行的催眠技巧，笔者有机地做了整合和总结，以便可以用比较形象的方法记住这段引导词，下面就请您试一下五步缓解压力法。

第一步：吸一吸（深呼吸）。

深呼吸相信大家都会，同时为了能更加专注地关照呼吸，在下次吸气的时候可以用鼻吸气，并想象可以把世界上所有的阳光、新鲜的空气、温暖的感觉、周围人的爱、满满的能量都统统吸进身体里，并且吸气的时候尽量吸到不能吸为止，然后做短暂的闭气，非常重要的一点是开始用嘴吐气，把身体里所有堆积的压力、紧张、各种负面的情绪统统都呼出去。而呼气的时候尽量用嘴呼尽，直到气体全都呼尽。

如此反复8～10次，大脑的激素水平就会下降。接下来就可以做第二步了。

第二步：扫一扫（扫描仪）。

继续闭眼保持深长的缓慢呼吸，想象自己身体里有一台扫描仪，扫描仪可以是任何样式的，现实存在的或者您想象的都可以。想象这台扫描仪可以扫描整个身体，扫描到哪个部位，哪个部位就放松下来。顺序可以从头到脚：头盖骨、眼睛和周围的肌肉、颈部、双肩、双臂、双手，然后是胸部、脊椎、腹部、腰部、臀部、大腿、小腿、脚。

在扫描的过程中可以感知自己的身体，看看还有哪个地方有点紧张、有点压力，找到它，看看它在身体的哪个位置上，假如可以用一个图像具体化，看看这个紧张、有点压力的地方像什么呢？它的大小是怎样的？颜色？表面光滑的程度？质地？温度？……当做完这些情绪压力具体化的工作之后，就可以开始第三步了。

第三步：管一管（情绪盒子）。

想象在自己面前放着一个盒子，这个盒子可以是自己喜欢的任何样式，同时它很坚固、安全，可以把负面情绪暂时装进去。接下来需要您想象一下盒子的大小、材质、颜色及盒子上锁的样式等。

想象着把这些压力及负面情绪都装进盒子里，盖上盖，锁上锁，把钥匙保存好，然后把盒子推远或者放在地球的任何一个地方，甚至是宇宙空间里，同时不管在什么地方，您都知道它的所在，也就是说当您需要或者有能力处理的时候，可以随时把盒子找回来（这个技术是对情绪压力暂时性的管理，是一种稳定化技术）。

第四步：补一补（水晶球）。

当情绪压力被移除身体之后，身体有时会有一种空落落的感觉，就好比运动之后，身体的虚脱，情绪的释放也是一种能量的消耗，所以这之后可以通过一些方法补充一些能量。

请您想象，面前出现一颗巨大的水晶球，它聚集了来自宇宙的能量。这颗水晶球清澈、透明、漂亮，从它身上放出柔和舒适的能量把您包围，这光非常地舒适。您每次的呼吸，都会把这些能量吸进体内。同时，光治疗着您身上的每一寸皮肤，您感觉身边的每一寸皮肤都充满了能量。精力越来越充沛，活力越来越旺盛……

第五步：想一想（优良状态观想）。

一边体验水晶球带给自己新的能量补充，一边想象过去的某段美好时光，或取得较好成绩的一次考试，让自己再一次完全沉浸到优良的状态中，并且一边观想一边心里默念"每天我在每个地方，都会更好更棒"。

当感觉足够之后，可以用自己的节奏慢慢地睁开眼睛，并且站起来活动一下身体，至此，五步缓解压力法就做完了。

另眼看抑"郁"

前段时间，一位国内知名的影星因抑郁症轻生离世。一时之间，微博、朋友圈里都在转载讨论有关抑郁症的话题。抑郁症，到底是什么？"郁"又是怎样的一种状态，为什么让很多人深陷其中，难以自拔？

抑郁症，有的把它称为"心灵感冒"，有的称为"蓝色心情"。抑郁症的发病机理很多，概括地说是遗传、心理、社会文化等因素相互作用的结果。

抑郁症和我们平常谈的"我抑郁了"有所不同。抑郁是一种情绪低落的状态，和高兴、焦虑、恐惧、愤怒、悲伤等一样，都是一种很常见的情绪反应，抑郁症则属于一种精神障碍，其典型症状为情感低落、思维迟缓、意志活动减退。

假如有一天我们去看恐怖片，正常的时候，我们的心情很平静；当恐怖场景出现的时候，我们心跳开始加速，情绪开始波动，用句广告语说就是"情绪开始上来了"。这种正常的情绪变化大多是一次性的，会随着时间、空间的转移自然地消退，即使事后偶尔想起还会有所波动，但并不影响日常生活，且通过自我的调整能够很快得到改善。

假如有个人看恐怖片，心跳加速、情绪波动，无法缓解，成为常态化的体验，持续数周、数月甚至更长时间，通过自我调节难以改善，那就成为病症了。

当然这只是举例，未必恰当，症状的产生是日积月累、复合作用的结果。同时我们看到人的应对机制就像是一根皮筋，有正常状态，可伸长、可收缩的适应状态，同时不能超过一定的限度，如果伸长收不回来，甚至断掉了，就是"症"了。

接下来我们看一下"郁"这个字，其本身有多种含义：既有积聚、郁结，又有忧愁、愁闷的意思。《管子·内业》："慢易生忧，暴傲生怨，忧郁生疾，疾困乃死。"而抑是抑制、压抑，所以抑郁就是压抑忧愁、愁闷（情绪）的意思，而忧愁、愁闷（情绪）本是一种能量。因为"郁"繁体为"鬱"，繁盛的样子，这繁盛本身是一种向上生长的力量，所以"郁"中有忧愁、愁闷，同时还隐含有向上的能量和力量。

有论述说，"郁"的状态有一部分来自压力调适不良症。积极心理学之父马丁·塞利格曼认为，当个体经历无法控制的有害事件时，一旦认识无论怎么努力，都无法改变不可避免的结果，便会产生放弃努力的认知和行为，就会习得一种被动和无助感，表现出无望、无助和抑郁等消极情绪。

他在《认识自己，接纳自己》这本书中写道："抑郁是眼睁睁看着绝望、挫败、失望一步步靠近，自己却无能为力时的情绪反应。"美国心理学家石培乐说："抑郁症往往袭击那些最有抱负、最有创意、工作最认真的人。"

假如小王每天能处理十件事，这对他是很轻松舒服的；这一天他面对一些新的突发情况，他处理了十二件事情，虽然感到有些压力，不过他在压力过后，感觉还是蛮不错的；可有一天需要处理的事情增加了二十件，这时他就开始有点焦虑了，害怕、不安和紧张，他开始担心困难重重，自己完不成，不过经过努力之后他顺利通过了。我们看到一个人适当地承受压力、感受焦虑是好事情，它可以激发人的潜能，推动人的进步。可有一天偶尔没有完成，便开始有点郁郁寡欢，情绪低落，此类事情越积越多，而自己无论怎么努力，都无法改变不可避免的结果，最终意志被摧毁，变得被动、顺从、冷漠，进而成疾。

即使如此，我们是否依然可以这样认为，"郁"在某种程度上，是我们的一种自我保护机制，让我们在面对一些重大事件时处在一种收紧的状态，这种状态表面是失去活力的、习得性无助的状态，同时是保存能量、留存生命活力的最后一道屏障，而抑郁只不过是我们压抑了生命的能量，我们既可以压制，又可以收回压制的力量。

从某种意义上说，"郁"是面临压力事件时，我们为了保存"兵力"而关闭的大门，我们要做的是等待大门再度开启。

容易抑郁的人一般都比较追求完美，他们期望靠自己的能力把事情做得尽善尽美，其实有时候学会借力也是一种能力。

所谓借力，是打开思维、拓宽思路的一种方法。例如在面对某个棘手的问题时，我们可以假想——如果是我们比较欣赏的一位前辈他会如何化解，我们可以向行业的优秀人士讨教学习，也可以请求某些有能量的人施以援手。这些都是借力的方法，可以让我们轻松化解压力。

另外，我们要相信，"郁"可以来，也可以离开。世界卫生组织曾经拍过一部公益视频，是关于如何与抑郁相处的。

"我有一条黑狗，它名叫抑郁。每当这黑狗出现，我就感到空虚，生活也慢了下来，它总是不期而至地出现在我的面前……"这其实是一种非常好的外化技巧，把抑郁实体外化成一个小动物。

这样做的好处是把人和问题区分开来，人可以做更多的事情。因为，当人和问题纠缠在一起的时候，就会陷入内耗当中，不管做什么都像是在否定自己。而当人和问题分开后，问题归问题管理，人负责想办法，那改变就会变得更加容易。

所以，当感受抑郁情绪的时候，不妨给它取个名字，思考一下它是什么时候来找你的，在来之前和来之后自己的人生有了哪些不同？它给自己的人生带来了哪些影响？自己该如何应对？必要时还可以和它进行对话，问问它在提醒你什么？

　　总之，抑郁是保存生命火种的状态，"郁"虽然能量处在一个低点，但星星之火可以燎原。只要你能够保存火种，积蓄力量，总有一天会再次绽放生命之光。

我为什么就是"改"不了

我知道我这个人爱拖延，可我就是改不了。

我知道我一喝酒就误事，可我就是改不了。

我知道我不该跟她吵架，可我就是改不了。

我知道我自己太懒惰了，可我就是改不了。

为什么明明道理我都懂，可就是改不了坏习惯！

习惯亦作"习贯"。《大戴礼记·保傅》："少成若性，习贯之为常。"

原意是习于旧贯，后指逐渐养成而不易改变的行为。

习惯是潜意识的法宝。人的大脑就像高度自动化的车间，从小到大，我们在和外界的人、事、物互动中，建立起了无数条高效率的流水线，这些流水线都有着明确分工，让我们能应对生活的方方面面。

自动化本身是好事，因为这可以让我们在和他人打交道、处理起事情更加省时、省力。同时自动化也有弊端，因为如果某一个环节出现问题，不契合了，那整条流水线就会出现故障，甚至停产。

小的时候，我们用一种模式和爸爸、妈妈互动，在这个互动的过程中，建立起了一条获得爱的流水线，整个流水作业顺畅，因为只要按照设定好的流程去做，就可以轻易地获得自己想要的关爱，即使偶尔不同，这条流水线也有相应的熟悉的应急方法。

可人总有长大的一天。于是当我们和除了爸爸妈妈之外的人互动时，这套流水作业模式就不怎么适用了。

于是在这个过程中，人就开始想办法了：

有的人选择挑剔他人：你不是不适合我这条流水线吗，那我就去找适合的人。

有的人选择修理他人：你不是不适合我这条流水线吗，那我就把你修理一下，直到你适合为止。

有的人选择怀疑自己：外面的人好像都不适合我这条流水线，是不是我那套东西根本就是错了？我是不是一无是处？于是便出现了各种不接受父母、不接受自己的症状。

以上方法都非最佳。

第一，习惯没有好坏之分，它更倾向于对自我有益。

第二，习惯就是自动化的流水线，这个流水线不能一成不变，要不断升级。

第三，很多人没办法"改"掉旧习惯，问题就出在这个"改"字上。

"改"字，左边像一个跪着的小孩子，右边像举杖或持鞭，表示手拿棍棒施以压力，教子改过之意。

由此看来，**"改"需要有一个痛的过程。这个过程的动力既有可能来自外部，又有可能源于自身。**

有这样一个例子：一位吸烟数十载的烟民，断断续续戒烟数次均未成功。直到某天因病住院，大夫怒曰："如不戒烟，神仙也难救命。"从此，他再也不曾吸一口。

另外"改"本身带着对旧习惯的不接受、否定之意，而"改"的对象是自我在成长中建立起来的一套有效模式，只是现在无效了就棍棒打压，力图修正，显然不恰当。

所以"改"不是强硬打压，而是要因势利导。

可以通过不断升级旧模式来建立新模式。有句话说得好："改变的前提是先接受自己的不改变。"接受，其实就是减少内耗的过程，不内耗就能全力以赴，人成长的动能就能提升到最大。

"改"需要知道目前在哪里，又将去向何方。

知道去向何方，需要非常清晰地知道自己想要改变的是什么，知道什么时候能开始改变，如何评估已经做到了改变，改变后自己的人生会有怎样的不同，有哪些人、事、物可以帮助自己达成这种改变，自己可以开始着手做些什么等。

知道现在在哪里，就是要梳理一下自己的现状，找到旧习惯是从何时、因何事而建立起来的；厘清旧习惯有哪些好处是自己难以改变的，它使自己哪些方面受困，为何又渴望改变。另外，改变旧习惯、建立新习惯并非一朝一夕之功，而是要一个过程，就像我们前文讲到的"已知快乐，未知痛苦"原则，已知的模式对于我们来说是熟悉的、省时省力的，未知的却是需要重新摸索建立的，所以新习惯的建立必定要经历一段不舒服的甚至痛苦的历程，只需要持之以恒，等待时日。

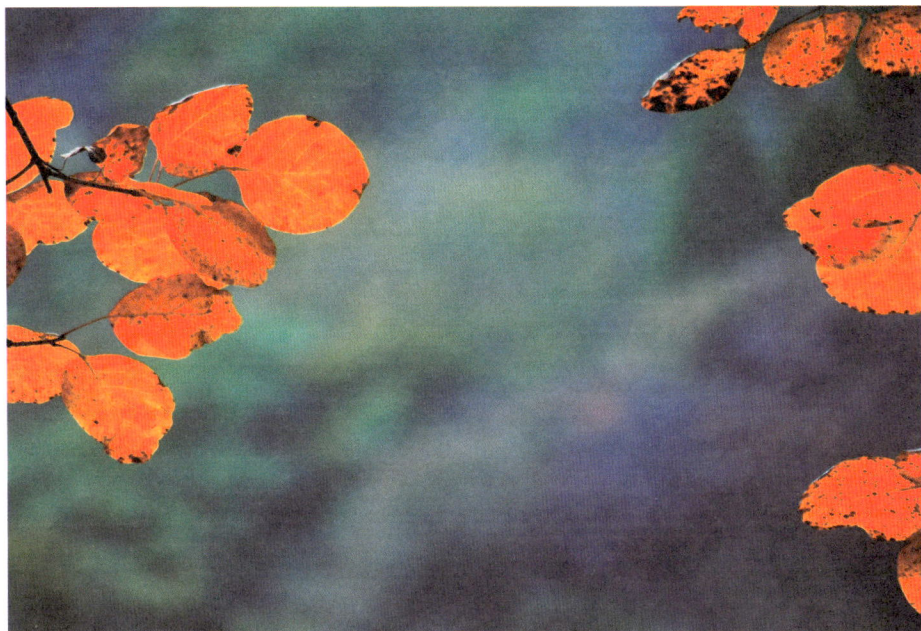

今天你"怒"了吗

开车外出，被人插队，怒了。

伴侣晚归，还不解释，怒了。

孩子打架，屡教不改，怒了。

生活中惹我们发怒的事情太多太多。人的情绪就是个信号系统，它或直接或间接地表达着我们内心的需求。不同的情绪是不同需求的表达，而我们了解到每种情绪背后的意义，便能用智慧的方法满足内心的需求，而情绪作为信号的使命便完成了。

接下来我们要来看看愤怒情绪，剖析一下愤怒到底在表达着怎样的内心需求？

李女士的儿子今年上初二，令她苦恼的是，自从孩子上初中以来，就不愿和她沟通。

"不知道怎么了，一跟他说话他就冲我发火。"

"都说什么了？"

"有的时候的确是我不对，爱管制他，可有的时候我也只是好心地询问一下，他也会发火。"

"比如呢？"

"比如他从学校回来，一句话不说就把自己关屋里，我好心地问他怎么不开心了，他就很愤怒，冲我大声喊，让我别管闲事。"

"所以呢？"

"所以我觉得这孩子越大越不懂事了。"

"不懂什么事？"

"不懂怎么尊重人，再怎么说我也是他妈妈，尊敬父母是最基本的要求吧。"

"那您尊重他了吗？"

"我很尊重啊，他是我孩子，我不是挺和颜悦色的吗？"

"和颜悦色的控制？如果您是孩子，在这个年纪您希望自己是个什么样的人，会对自己有个怎样的自我认定呢？"

"如果我是孩子，我觉得我会希望自己是一个勇敢而有担当的小男子汉。"

"这样一个小男子汉可能会比较反感什么呢？"

"会比较反感别人老把自己当小孩，内心会很希望别人能相信自己的能力。"

"假如您把他当作这样的小男子汉去沟通的话，您觉得孩子还会愤怒吗？"

"估计不会。"

还有这样一个例子：

"我们的城市到处修路、四处堵车，一出门就心烦，再碰上个随意变道的，那火一下就起来了。"

"当时啥感觉？"

"心里堵得上，想摇下窗口破口大骂。"

"您感觉您愤怒的原因是什么？"

"这人太不讲道德，别车一次也就罢了，还一次次地往里硬别，觉得我好欺负吗？"

"是不是感觉自己某个身份被否定了？"

"对，您这么一说还真是，感觉自己作为男人的身份被否定了。"

"此话怎讲？"

"男人就是有血性的，不能总被人欺负。"

"假如您刚要发火，对方却摇下窗户，对您说：'大哥，太对不起了，没想到吓到您了，影响您开车了，您大人有大量，我向您道歉。'如果您听到这样的话，会怎么反应？"

"嗯，可能火气就没这么大了，顶多再发泄两句也就过去了。"

从上面的例子中，我们可以看出，情绪表达的是需求，而愤怒情绪的背后需求一般和某个身份（自我认定）有关。

什么是身份呢？就是我们心中所相信的、对自我所设下的"定义"，简单理解就是认定了自我是个什么样的身份，比如我是一个勇敢的人，我是一个负责任的人等。

当我们的这种自我认定被否定时，便会心生愤怒。反言之，如果这种自我认定被认同、尊重，愤怒便会消失。就像开头讲的：孩子打架，屡教不改，作为父母就会愤怒，这是因为作为"我是一个有权威的人"的身份被否定了；伴侣晚归，还不解释，作为另一半就会愤怒，这是因为作为"我是你的伴侣"的身份被否定了。

"怒"，"心"上有"奴"，这个"奴"是一种自我认定。试想，当心里感觉自己被当成了奴隶，被奴役、被压制，自然会很愤怒。毕竟所有人都是有"身份"的人，如果不被认同和尊重，心中难免会有"哪里有压迫哪里就有反抗"的感觉。

假如您动怒了，请先体察一下自己处在怎样的一段关系中？在这段关系中内心有何需求？是否某个身分被否定了？我们除了可以用发怒的方式去获得认同，是否还有其他的方法？哪种更有效？该如何选择？如果无效，该怎么办？

假如您看到别人动怒了，请先体察一下对方的内心需求是什么？哪个身份被否定了？

　　总而言之，管理好自己的愤怒情绪，最好的办法就是体察自己内心的需求，并且善于智慧地表达自己的需求，多用"我"，少用"你"，比如您感觉疲劳时，可以明确地表达："我很累，我需要你们。"

　　管理好自己的愤怒情绪，不要压制，要学会转化。

　　最无效的情绪管理就是压制着默默承受，长此以往，身体便吃不消了。

　　爆发也不是办法，最好学会转化或升华的方法。就像古人用诗句来表达情绪："别有幽愁暗恨生，此时无声胜有声。""人到愁来无处会，不关情处总伤心。""怒发冲冠，凭栏处，潇潇雨歇。抬望眼，仰天长啸，壮怀激烈。"等等。

睁开你的"眼"

前段时间外出讲课，谈到了"眼"这个字。

当时的情境是这样的：

"老师能谈点题外话吗？"

"既然是题外话，咱们要不题外谈？"

"其实也算题内话。"

"怎么讲？"

"老师您能谈一下开拓眼界这个话题吗？"

其实从某种角度来讲，眼界是人透过表象看透事物本质的能力，是某种觉知力、觉察力。

有关眼界的话题中，有诸如微视、遥视等等的说法，是多视角思考问题的能力。微视是让我们在看问题时不能只看表象，还要看到本质；遥视是让我们在看待人、事、物的时候，不光看现在，还要从过去、未来等去整体看。

而通过眼睛成像的原理我们知道，眼要先接触到可观察之物，然后才能被我们看见。

这就出现了一种可能，就是虽然我们眼看到了，但看到的不一定是真相。

就好比我们能看到一张桌子，但我们没有微视的能力，无法看到桌上那微小的细菌，我们就认为这只有一张桌子了。

当然还有一种可能，就是虽然我们看到了，却无法看透背后的实质。

就好比我们看到别人过得很穷苦，我们却没法看到他在穷苦背后所收获的历练，于是我们便想当然认为这人过得很惨。

所以人要打开眼界，从更多的视角，从更宽广的视野，去看世界。

开眼界最简便易行的方法就是：多走走、多瞧瞧、多想想、多问问，不被一时、一域、一人所困扰。俗话说"树挪死，人挪活"，遇到困难的时候，走出去或许就会有答案。

世界那么大，多出去走走瞧瞧。即使没法走出去，把眼界放长远一些，多从生命的角度看，或许我们会发现自己的遭遇仅仅是时间长河中一个细小的节点而已。

圣贤和我们最大的区别就在于此。他看人看事的时候，不仅能从宇宙宏观的视角去看，还能从一粒沙、一滴水的微观的视角去看。而凡人只在自己的困扰里去看，当然会被困其中了。

曾经有人问我，为什么有的人家中突遇变故，刚开始的时候几近垮掉，可有一天在接触了一些人、事、物后，就突然顿悟了，整个人状态也改变了？

这个问题不太好回答。因为我们无法猜测这个人具体经历了些什么，但我相信其中可能会有这样一个因素，就是当某一天他和人攀谈，或参加某项学习，或翻阅某本书，或学习某种宗教文化的时候，在某个瞬间开了眼界，而他自己人生的参考框架也改变了，开始从更宽广的角度甚至从宇宙的视角去看自己的人生经历了，心境自然有了改变。

所以，在遇到人生难题的时候，当深感困惑的时候，你别忘了要睁开你的"眼"。

我本无"名"

在一个群里，我和一位朋友就心理学上的专业命名进行了一番讨论。

朋友："变态心理学自从命名'变态'之后，就像给人扣了帽子、贴了标签。个人觉得这个'变态'和'常态'，如果命名成'常态'和'非常态'，会不会更好？因为'变态'这个词已经被异化了，我学了这么些年，对于'变态'这个词的第一反应还是有些不舒服。"

我："'变态'和'非常态'，半斤八两，如果只是为了研究探讨方便，如何命名倒不会影响我们的心。"

"那你是如何看待'灵魂'的呢？最近我对灵魂领域的话题非常着迷。"

"所谓'灵魂'，也是一种命名，虽然说'名可名，非常名'，但'有名万物之母'，不同命名的出现给了我们可以在某个框架中探索发现的便利。"

"我记得曾经有好几个人这样反馈，说是本来还好好的，可是某一天因为一些症状去了医院，医院医生照着他所描述的症状，给他定了个抑郁症，从那之后，他便被抑郁症的大山压得喘不过气来。这些命名就像标签一样，贴到了身上，时间长了撕都撕不掉了。"

"的确如此。命名本身没有问题。有的时候命名运用不当，就会产生副作用。"

"那所有的心理问题、身体疾患不需要命名就好了，少了这些命名，就不会加重病患的心理负担了。"

"没有了对各种现象、事物的定义和命名，世界归于混沌，我们的学习、研究从何开始？所以命名本身是有积极意义的。"

《道德经》开篇就谈到"名"。我理解的意思是：**"混沌之初，万事万物都没有统一的命名。人类为了自我认知探索的需要，开始定义其名，开始尝试解析宇宙的奥妙，力求勘破宇宙运行的法则。也正因此，我们对世界的探索开始了，同时在定义之时就自带了局限，因为总结本身就难免偏颇。"**

从无到有是个具象化的过程，因为只有具象了，我们才好去总结、观察、管理。

当然，命名有积极的一面，也有其运用不当而产生副作用的一面。比如上面讲到的很容易被贴标签，套用一句名人的话就是：世界上本没有"病"，自从被命名了很多"病"之后，人便有了"病"。

朋友："那到底是好是坏呢？"

"我觉得命名无好坏之分，倒是有运用场所之别。当我们需要学习研究时，我们就利用好这个定义或命名，而当我们看待自身问题时，或许可以暂时抛开命名活回自己，这样有利于把问题和人区分开。"

"嗯，就是要善于运用命名，而不能受困于它。本来命名就是为人服务的，不是吗？"

"是的，所以对于'名'我们不能太执着。"

"是啊，我们从现在开始，就要学会灵活地运用命名，或揭掉标签，或贴上标签。标签只是标签。"

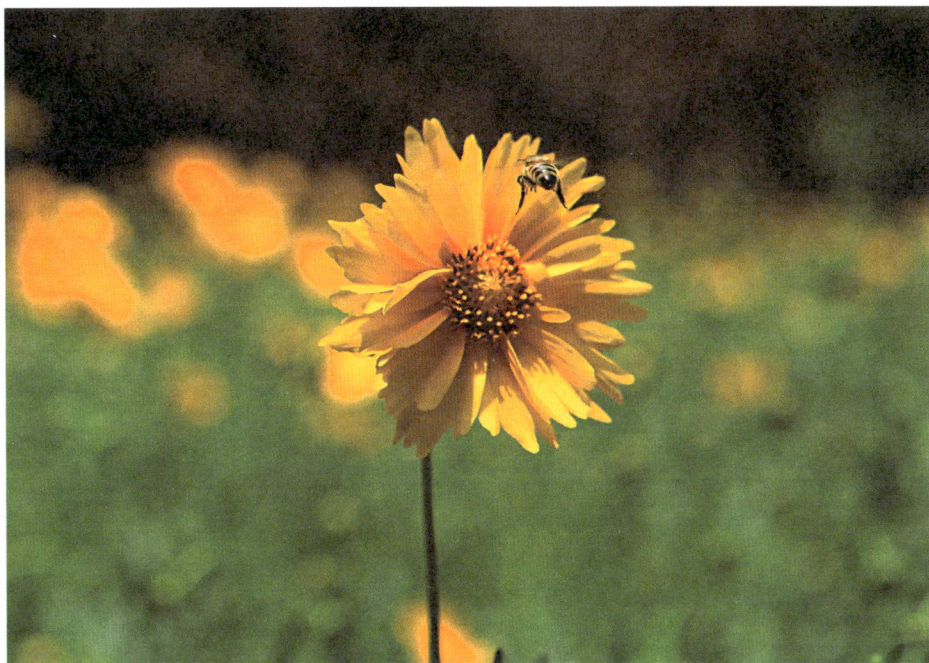

后　记

我出生在泉城济南。

童年时我家住的是普通的四合院。一下雨整个街巷就会被雨水浸泡，一些低洼的地方甚至会积水成河。就在大人们抱怨出行困难的时候，我们这些小朋友却乐开了花，纷纷跑出去玩。

那时的大人不像现在把孩子呵护得"放在手里怕掉了，放在口里怕化了"，按老人的说法就是，男孩子就该有个泼辣样。

童年时的我一得空就和小伙伴四处疯玩，拿着竹竿粘知了，拿着气门芯当呲水枪，甚至到了晚上也不闲着，打着手电筒逮蛐蛐。

记忆最深刻的一次，就是当时电影院演一部叫作《超人》的电影，我从家里拿了几块钱，和小伙伴跑去了影院。等到看完回家的时候，天早已黑了。那时的夜晚，一到晚上九点，路上就很少见到人影了。当时虽然年龄小，内心却没有丝毫害怕，或许是看了《超人》的缘故，感觉自己就变成了超人，飞快地在漆黑的街巷里飞奔……

这个经历给我留下了深刻的印象，以至于到现在我还深深迷恋那种飞奔的感觉，写作这本书便有这种似曾相识的感觉。

"奔跑"到了"终点"，文章写到了最后。对于这本书，或许您有些许的困惑，或许有一些意见或者建议，都可以和我交流。

恰巧这个时候，我的电脑音箱里正在播放李玉刚演唱的《刚好遇见你》：

我们哭了

我们笑着

我们抬头望天空

星星还亮着几颗

我们唱着

时间的歌

才懂得相互拥抱

到底是为了什么

因为我刚好遇见你

留下足迹才美丽

风吹花落泪如雨

因为不想分离

因为刚好遇见你

留下十年的期许

如果再相遇

我想我会记得你

…………

对李玉刚，我不甚了解，但对其歌有些感动。

我相信这本书的某些内容刚好会在某个恰当的时候遇见您。

这本书我没有请人写序，因为它只是我这一个阶段的感悟集，只求其中某一篇文章、某一段话能给您带去一点感悟，我心足矣。

　　所以亲爱的朋友，您掩卷而思的时候，别忘嘴角绽放出一个微笑，并记得看一眼外面的世界，不管是白昼还是黑夜，相信您都可以找到属于这个世界的美。

王　可

二〇一七年春